大樂文化

U0079654

$

# 手把手教你
# 如何創業獲利

## 麥肯錫 7S 模型讓你賺錢的經營法則！

速溶綜合研究所
馬俊杰 ◎著

# CONTENTS

## Chapter 1
## 想開公司賺大錢，
## 要學會經營的基本知識 011

## Chapter 2
## 激發員工潛力，
## 除了用鞭子和蘿蔔還要什麼？ 037

# Chapter 3

## 如何讓資金周轉順暢？
## 掌握財務管理 7 件事 *065*

# Chapter 4

## 如何強化產品品質？
## 實踐麥肯錫和豐田的方法 *101*

# CONTENTS

Chapter

# 5

## 業績起伏不定？
## 挖掘市場需求，活用行銷技巧　*137*

# CONTENTS

## 推薦序一

# 正確的創業方法，
# 幫你開闢自己的天地

104資訊科技集團資深副總經理　晉麗明

　　職場上班族都希望有獨當一面、開創屬於自己天地的一天，不想天天過著朝九晚五、為人作嫁的日子！

　　根據104人力銀行的調查顯示，九成的上班族厭倦終日上、下班的重複生活，尤其是新冠疫情促使全球上班族，展開長達三個月到兩年的大規模「居家辦公」（WFH）實驗，大家都渴望更人性化的工作環境與制度。

　　Google、微軟等歐美大企業，已無力呼喚員工返回工作崗位。上班族積極爭取工作主導權，希望工作與生活平衡。同時，美國已有三成的工作者擺脫雇主控制，成為獨立工作者，或是積極創立自己的事業。

　　創新工場董事長暨執行長李開復說，現在是創業成本最低的時代，因為網路普及，用一台筆電就可以開店當老闆，尤其在多元分眾的市場趨勢下，人人都可以藉由各種服務或創意，開展自己的事業版圖。

　　然而，不是所有人都能在這條通往創業的道路上，成功

到達終點。如果沒有萬全的準備，創業過程將十分艱辛，大多數人在創業這條路上跌跌撞撞，不僅頭破血流，甚至血本無歸以失敗收場。

在這本《手把手教你如何創業獲利》中，作者藉由企業實戰的經驗，從人力資源、預算、生產、經營策略與市場行銷等面向，完整闡述創業的經營藍圖，同時提供實務案例，並以圖文並茂的方式呈現給讀者。

本書具備完整的系統與結構，深入淺出探討企業經營管理的理論與實作技巧，對於有心投入創業或是強化管理知識的讀者，有很大的助益。

許多中外的專家學者都批評，現在的教育是教導大家成為員工，而不是培養老闆的能力與思維。所有的職場工作者也都清楚認知，上班無法積累足夠的金錢，只有創業才有機會真正實現生活與財富的自由。

微軟創辦人比爾蓋茲在大學時期毅然輟學創業，他曾經說：「若不去打造自己的夢想，別人就會雇用你來幫他們圓夢。」

如果你的心中埋藏著創業的種子，藉由本書的引導，可以讓種子成長茁壯。祝福本書的讀者都能一圓創業夢，讓美夢能成真、理想能實現。

# 推薦序二

# 掌握創業訣竅，擺脫職場困境

精實管理顧問　江守智

　　「顧問，我跟你說，我們生管很為難，業務接單回來，就給我們一個交期和數量而已。排程下去，製造又常常兩手一攤說根本做不出來。」在週五的輔導會議上，陳經理面有難色地交代近期公司缺貨、遲交的情況。這時候，業務王副理按耐不住頂了一句：「好不容易打進賣場通路，難道有錢賺卻不做嗎？」

　　其實，這種敘述方式對於解決問題於事無補，最後往往淪為個人恩怨、新仇舊恨的發洩。事實上，業務依據什麼規則接單？製造遲交是內部產能、品質還是設備問題，又或者是供應商物料問題呢？甚至生管有沒有依據輕重緩急來安排排程，或只是單純把一堆工單和交期丟給製造部門而已？這才是探討原因的切入點，也是擁有企業整體觀的顧問能帶來的價值所在。

　　這本《手把手教你如何創業獲利》希望透過書中內容，讓想創業的朋友可以一窺企業經營管理的不同構面、注意事項與可行作法。當然，創業付諸實現的人畢竟是少數，而每

**手把手教你如何創業獲利**

天在組織內部為問題發愁、對問題救火的人卻不在少數。我相信本書能夠提供一塊相對完整的敲門磚，讓您走進經營管理的思考領域，擺脫單點思考的困境。

　　舉凡生產製造、行銷企劃、人力資源、財務管理的實務面，甚至策略面，本書都逐一說明「目的（Why）」、「管理要項（How）」與「常見做法優缺點（What）」。我覺得這種形式的管理書籍特別適用3種族群：

　　•創業者：初期需要掌握方方面面，為了避免疏漏，藉此補足相關知識。

　　•管理者：在工作上覺得左支右絀，為了換位思考，藉此補足相關知識。

　　•新鮮人：進入企業希望快速上手，拒當職場小白，藉此建立觀念架構。

　　你只需要花兩杯咖啡的價格，用兩個小時閱讀，就能學會以實際行動擺脫職場的困境。推薦這本書，希望你會喜歡。

第 1 章

# 想開公司賺大錢，要學會經營的基本知識

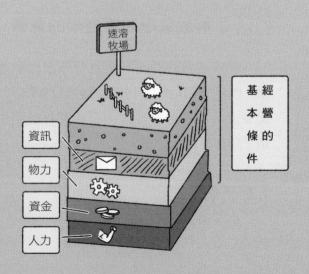

## 1-1

# 經營與管理不一樣！
# 到底有什麼不同？

> 有一對夫妻「男主外，女主內」，老公負責賺錢養家，老婆負責料理家務。老婆把家收拾得越好，老公在外面工作越有動力。同樣地，老公錢賺得越多，老婆越願意花費精力整理倆人的家。經營學就像男主人，管理學便是女主人。

## 了解經營學和管理學的意義

經營是對外的，其衡量標準來自顧客與市場的反應結果。管理是對內的，目的是提高經營能力，經營能力提高後又會進一步加強管理，兩者的關係互相依存，形成一個循環，稱作經營管理學。

### 1. 經營學

企業需要用到的經營學是經營經濟學，它包含生產關係

| 圖表1-1 | 管理學主內，經營學主外 |
| --- | --- |

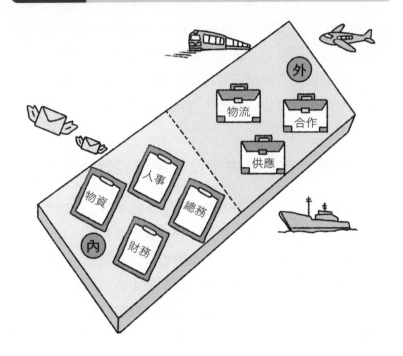

和管理學2個部分。

生產關係詮釋人類經濟活動的4個步驟，包括生產、分配、交換、消費。每個人或組織在不同步驟中扮演著不同角色，而經營經濟學研究的是不同角色之間的關係和規律。

## 2. 管理學

管理這個概念最早是由希臘學者提出，最早的研究對象

是奴隸主如何有效剝削奴隸，進而提高收益。

法國管理大師費堯（Henri Fayol）在1915年提出管理的職能有5項，包括計畫、組織、指揮、協調、控管。管理的終極目標是不用管理。這可以讓我們深刻理解，管理的意義是如何有效運用資產創造效益、使資產升值、處理資產之間的關係。這些資產包括場地、物料、資金及人。

##  只要處在企業中，就該學習經營管理學

企業存在所有者、管理者、員工3種身份，每個人從事不同的工作。所有者擁有企業，管理者負責營運，員工負責具體實施。他們當中誰最需要學習經營管理學？

所有者即是老闆，他站在一家企業中的最高處，是掌控全域的人，為了使企業往更好的方向發展和提升，必須學習經營管理學。

管理者需要具備相關的管理知識，才能獲得相應職位，因此要不斷學習。

數量最龐大的一般員工終日勞碌，大多數不了解自己工作能創造什麼價值，更不知道如何做得更好。他們會在茶餘飯後抱怨老闆和管理者，肆意揣測加薪升職的同事，但百思不解為何自己得不到主管重用與認可。

這樣的員工不妨多問自己幾個為什麼。首先，你的本職工作做好了嗎？其次，你的工作還能做得更好嗎？再來，除

了本職工作之外還應該做些什麼？要解決這些問題，一般員工當然也離不開學習。

是的，普通員工也需要學習經營管理學。只要是企業的參與者，都需要學習這項知識。這與職位、年齡、行業無關，而是因為經營管理學涵蓋企業運行的所有內容，只要參與其中就必然包含在這個範圍內。

##  為何我們要學習經營管理學？

你是否經常在工作中力不從心？是否對自己的工作失去興趣？是否每天上班心情沉重，覺得時間變得很慢？是否在完成工作的過程中感到茫然失措？有沒有問過自己為什麼？

經營一家企業或從事某項工作也是如此，你缺乏的不是熱情和積極，而是處理現狀的能力，沒有人天生具備這種能力，只能透過後天的學習來獲得，這就是我們都需要學習經營管理的原因（見第16頁圖表1-2）。

---

┤ 經營管理小課堂 ├

老闆學習經營管理學是為了更確實掌控企業發展，管理者是為了更快處置企業事務，員工則是為了更有效完成企業任務。

---

## 圖表1-2　學習經營管理學的必要性

**學習目的** ······················································································

　　經營管理學是一門總結企業經營與管理本質規律的學問。它的核心內容有提高效率、加強品質、計畫規劃、完成發展、創新進步、開拓市場、控制利潤。

**學習功用** ······················································································

　　經營管理學幫助你在提高專業知識的同時，在思維中建立一套邏輯體系。當你遇到問題時，這套體系可以提供解決的思路和方法。

## 1-2

# 構成企業的 3 大要素： 勞動者、生產資源及資金

> 　　去樓下餐廳吃飯的次數一多，便慢慢地和老闆熟絡起來。最近來店裡吃飯的顧客比往常減少許多，老闆就此和我聊了幾句。老闆說，當初為了開這間餐廳，連借帶湊花了兩百多萬元。幸好欠債已還清，打算明年把店賣出去，帶著店裡的廚師和伙伴去別的地方發展。

### 一家企業應該要有哪些要素？

　　許多人似乎認為企業是生產商品的工廠，公司是坐落在辦公大樓裡的門牌，其實不然。企業是企圖冒險從事某項獲取利潤的事業，凡是在這個範圍內的商業經濟活動，都應該稱作企業。公司則是企業的組織形式，是以營利為目的的社團法人。

　　到底什麼是企業？它是由什麼構成？其實不用想得太複雜，上面故事中的餐廳就是企業的一種。老闆為了養家糊口

經營餐廳，他的目的是獲利；餐廳面臨競爭，不得不尋求其他生存方法，這是風險；老闆為了養家糊口，冒著一定的經濟風險從事這項可獲利的事業，就是企業。

　　這家餐廳是由老闆、廚師、伙伴、店面、廚房用具、桌椅板凳、各種蔬菜肉類和兩百多萬元現金組成。3種不同類型的事物，構成企業的基本組成3要素：**勞動者、生產資源和資金**。

### 圖表1-3　企業的 3 要素分別代表什麼？

**勞動者** ·····································································

　　包括員工、管理者甚至是經營者，都屬於勞動者。企業中還有另一種身份的人，也就是投資者，雖然他們直接從企業獲得利益，卻不參與經營活動

**生產資源** ·····································································

　　店面、廚具、桌椅、食材都是生產資源。店面代表生產場所（土地、廠房等）；廚具和桌椅代表生產工具（機器、設備等）；食材則屬於生產原料

**資金** ......................................................................

> 　　資金不單純是指營運過程中需要用到的現金，還包含收支、負債和資產。餐廳老闆當初的兩百多萬元就是企業資金的表現形式，但不是資金的全部。現代企業中，資金大多是指財務資源，因此不要把資金和現金畫上等號

| 圖表1-4 | 構成企業有 3 要素 |
| --- | --- |

一家企業是由員工、設備、資金組成，三者缺一不可

┤ 經營管理小課堂 ├

　　任何一家企業都是由勞動者、生產資源和資金3個基本要素組成。勞動者藉由場地和工具，利用勞動資源進行勞動，並產出商品，最後透過銷售來獲利。唯有讀懂企業構成的根源，才能開始學習如何管理與經營企業。

## 1-3

# 經營企業有4個基本條件：
# 人力、物力、資金……

> 孫子兵法寫道：「知己知彼，百戰不殆。」戰爭中，你要知道軍兵士卒、器械物資，想獲得最終勝利就要妥善經營軍隊。在企業中，知彼知己的過程就是經營，簡單地說，努力做好人力、物力、資金、資訊的過程便是經營。企業營運的本質如同戰爭，都與經營有關。

 經營一家企業需要哪些條件？

領導者是企業的大腦，負責指揮管理者，而管理者是企業的神經系統，負責引導員工。領導者與管理者是企業的第1種條件：人力。以下介紹企業所需的4個基本條件。

**條件1：人力**

人力是經營的執行者。一般員工的平均素質，決定這支軍隊整體能力的高低。再來是友軍，友軍包含很多方面，例

如：合作單位、外包團隊、加盟或經銷商等。「君管將，將管兵，兵管具體戰鬥」，就是不同人力之間的關係。

## 條件 2：物力

物力是經營的實施對象。常見的物力有土地、辦公場所、工廠、其他建築物、設備、工具、車輛、原材料等。物力為企業的經營活動提供場所，以及必要的生產資源。

## 條件 3：資金

資金是企業的衡量標準。這種衡量標準明確顯示企業的現狀、發展潛力及未來趨勢。資金的經營有許多種呈現方式，例如：現金流、資產負債、利潤、計提、預算、投資、帳款、質押金等。透過觀察資金的各項對比和變化，可以具體了解一家企業的經營情況，而看懂財務報表是快速掌握財務內容的捷徑。

## 條件 4：資訊

資訊是經營的指導，分為內、外2個部分。內部資訊主要包括基本條件當中的人力、物力、資金3方面的資訊，而外部資訊則大多與客戶資料、行業市場、經濟環境、法律政策、科技創新、設備更新等方面有關。

在基本條件當中，資訊是最抽象的概念，不像人力和物力看得見、摸得著，也不像資金可以量化。它需要不停採

| 圖表1-5 | 經營的 4 個基本條件 |
| --- | --- |

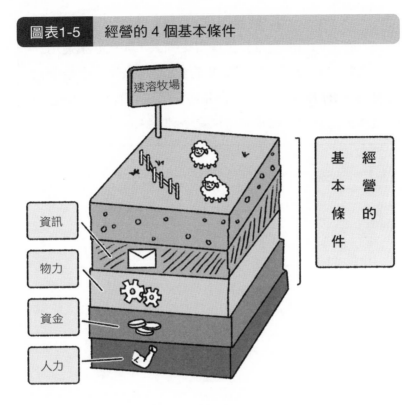

集、更新，並要求相關工作人員在匯總的過程中，不斷鑑別其中的真偽和價值。

　　毫不誇張地說，很多時候，資訊發揮的功用遠大於其他3個基本條件。

┤ 經營管理小課堂 ├

　　經營的目的是讓企業變得更強大，因此必須運用一切可利用的資源。本節提及的4個基本條件，是企業經營中的4種資源。經營是指如何運用這4種資源，讓它們發揮最大效用，給企業帶來更多利益。

## 1-4

# 建立明確的經營理念，
# 讓企業文化深植人心

> 一個人的性格是他的核心部分，會決定他的行為。一家企業能夠被人們記住，是因為具有鮮明的性格。那麼，一家企業的性格是什麼？其實就是它藉由獨特的經營方式，創造出的獨特價值觀，這種性格被稱為「經營理念」。

## 經營理念是一家企業的性格

人在成長過程中會形成很多優點和缺點，企業也不例外，想要形成好的經營理念，首先要樹立正確的價值導向，其次要揚長避短，並且堅持下去。

但很可惜，大部分企業直接省略第2步和第3步，只形式化地進行第1步，例如：在牆上貼滿標語口號，無論是客戶還是高層來參觀，總要自豪地說這是我們的經營理念，甚至將口號印在產品廣告上。

建立經營理念不是一、兩年就可以完成，而是一個長期過程，是滲透企業靈魂的東西。一家企業對於自身注重的事物，不應只是嘴上說說或是紙上談兵，而要在日常經營中實踐。

企業在經營中最注重且最常做的那些事，最終會慢慢成為企業的性格，使企業人性化。因此，每家企業都有經營理念，只是它如同人的性格，有鮮明、有平凡。平凡的企業不會被人記住，糟糕的企業會讓人敬而遠之，只有那些卓越的、鮮明的經營理念，才會讓人久久不能忘懷。

##  建立經營理念的功用

人的性格決定他的行為，而企業的經營理念決定其經營行為。企業的經營理念為日常的經營提供原則和核心思想，無論企業做什麼，最終都會遵循這個理念。

經營理念為經營提供方向，是企業績效的根據。日積月累貫徹下來的經營理念，可以為企業賦予獨特的使命感和願景。企業在經營中注重什麼、堅持什麼，會成為企業的靈魂。

舉例來說，某企業的經營理念是貫徹品質，該企業內部的人都會關注產品品質，形成以品質為重的氛圍。這種氛圍保持下去就會成為習慣，而習慣最終會變成企業文化的一部分。

**圖表1-6**　將經營理念注入企業

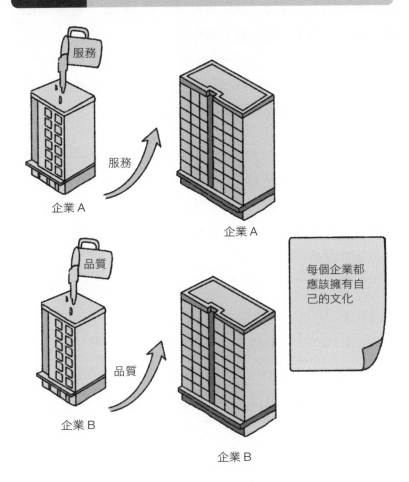

當高品質的經營理念深入大部分企業參與者的心中，便能潛移默化為企業經營活動規劃好方向。即使不再強調這相關內容，也會不自覺地貫徹執行。

世界上不少知名企業都有獨特的經營理念，有的是創新、有的是服務、有的是品質，我們很少看見他們天天強調，因為這種理念已深深烙印在行為上。

┤ 經營管理小課堂 ├

塑造經營理念需要企業整體的努力，不是某一部分人的心血來潮，更不是形式主義。只有樹立良好的經營理念，不斷增強競爭力，才能在經濟全球化的浪潮中立於不敗之地。

# 1-5

## 中小企業的資源有限，
## 經營策略上有 4 個特徵

成功是不可複製的，這點毋庸置疑。即使你徹底模仿成功的企業，也不代表你會成功。中小型企業要學會審視自己，做到挖掘長處、規避短處，這展現出一家企業制訂經營策略的重要性。那麼，中小型企業的經營策略有哪些特徵？

 中小型企業經營策略的特徵

相對於大企業來說，中小型企業無論是在資產還是市占率上，都存在明顯的劣勢。正因為資源有限，所以要求中小型企業的經營策略必須集中在如何提升效率。

中小型企業組織結構簡單、員工少、生產規模小，而且決策權更加集中，因此中小型企業經營策略的特徵，一般展現在靈活、專精、創新、差異4個方面。

## 1. 靈活

中小型企業大多是因應市場發展而生，通常具備少量社會資源和銷售管道，就可以組織生產，人員不會太多，組織結構相對簡單，決策的決定、傳遞及執行速度優於大企業。

一旦市場環境發生變化，中小型企業為了規避風險和損失，必須在經營策略上迅速做出反應。因此，靈活是中小型企業經營策略的主要特徵，他們在任何時候都比大企業更加靈活多變。

## 2. 專精

中小型企業掌握的資源數量，不能像大企業那樣多元發展，僅能挖掘某個方面。雖然不能有效壟斷市場，但可以在自己的專業領域內深入發揮潛力，形成自己的特色。

## 3. 創新

既然中小型企業生產規模小，無法形成數量優勢，就只能在創新下功夫。中小型企業的創新，強調如何在小規模生產中，以較少的資源投入，不斷提高獲利。在激烈的競爭環境中，中小型企業唯一能掌握的競爭力就是創新。這個特徵在經營策略中展現得最明顯。

## 4. 差異

中小型企業的經營策略特徵是靈活、專精、創新，自然

圖表1-7　中小型企業經營管理的 4 個特徵

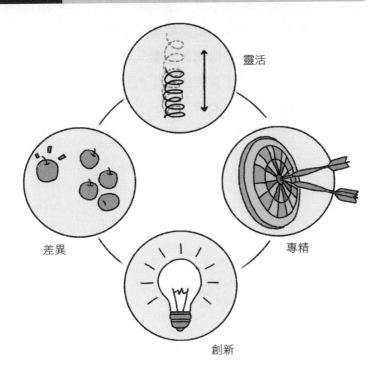

靈活

差異

專精

創新

會在更細分化的市場中展現差異。

　　差異主要是指在某個細分市場中，企業的產品服務差異與同行業相比，能在滿足基本需求的同時具備自主特色，它的對應點是客戶與市場需求。差異是中小型企業經營策略的顯著特徵，是由於企業資源有限，導致專精生產而不斷創新的結果。

┤ 經營管理小課堂 ├

好的經營策略能幫助企業規劃方向，為將來的發展提前做好準備，是企業提高整體效益最直接的方法。

中小型企業經營策略的特徵，是由中小型企業自身發展階段所決定。不要盲目追求大企業的經營模式，而是根據自身情況制訂經營策略。

## 1-6

# 組織能協調員工各司其職，分為垂直型與扁平型

說到管理學，必然離不開組織管理學的內容，那麼什麼才能稱為組織？社會是一個大組織，家庭作為社會的基本組成單位，更是組織的典型代表，國家、軍隊、企業等也都是組織。人類的社會活動，就是由不同的組織編制而成。

 管理學中的組織是什麼？

首先，組織是一張網，其中每個成員就是網的交點，交點之間由線連接而產生關連，所有成員在網內都可以連繫在一起。

其次，組織是由一定數量的成員組合而成的獨立整體。這個獨立整體為成員提供宗旨、目標、目的。

然後，組織根據其內部功能和構成特點，可以拆成若干個小單位。這些小單位在組織中的作用各不相同，並且各司

其職，一旦脫離組織，將無法繼續運作。

最後，各種組織組成社會這個整體。組織是社會的基礎，而社會是目前所知的最大組織。

由此我們得出結論，一群成員由於共同目標、目的，被某種形式的網凝聚在一起，相互協調、合作以完成各自的任務與工作，因此形成一種有系統的整體，而這就是組織。

##  企業的組織結構分為垂直型與扁平型

### 1. 垂直型組織

由上而下的垂直型組織歷史悠久，大部分組織都遵循這樣的結構。在這種組織中階級分明，每一級都有明確的上級，每一個主管下面也有固定的部屬。

在很長時間裡，垂直型組織符合生產特點，因為在有限的技術條件下，資訊的傳遞速度非常緩慢，而且受到很多限制，這時垂直型組織可以保證組織目標不發生偏離。

### 2. 扁平型組織

橫向發展的扁平型組織，是現代企業常見的組織結構。這種組織結構形式，改變原本結構中的上下級組織和主管之間的縱向連繫方式、平級各單位之間的橫向連繫方式，以及組織與外部各方面的連繫方式等。

| 圖表1-8 | 企業的組織形式 |
| --- | --- |

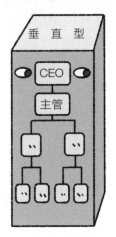
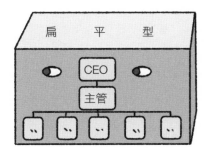

| 圖表1-9 | 垂直型和扁平型組織的優缺點分析 |
| --- | --- |

| | 優點（S） | 缺點（W） |
| --- | --- | --- |
| 垂直型 | ・從屬關係明確<br>・方便監督下級<br>・便於集中管理 | ・缺乏直接溝通的管道<br>・傳遞方式單一<br>・效率低 |
| 扁平型 | ・權責分明<br>・管理效率高<br>・管理成本低 | ・管理幅度增大<br>・管理難度增大 |

┤ 經營管理小課堂 ├

　　組織將每位成員融合在一起，協調成員各司其職，讓每個人完成一部分任務，然後將這些任務成果組合起來，進而產生效益。

# 第 2 章

# 激發員工潛力，除了用鞭子和蘿蔔還要什麼？

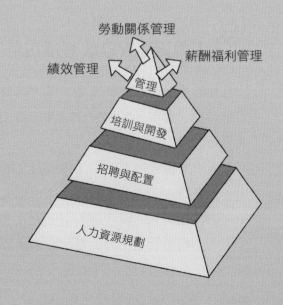

勞動關係管理

績效管理　　薪酬福利管理

管理

培訓與開發

招聘與配置

人力資源規劃

## 2-1

# 【功用】人力資源管理有 4 大層面，以及 3 個重點

> 《笑傲江湖》電影版中有句台詞：「有人的地方就有恩怨，有恩怨就有江湖，人就是江湖。」人與人相處，會產生摩擦、協調、對抗、合作等行為，並產生恩怨情仇。一家企業最致命的是人不同心，因此如何管理人、凝聚企業中的每個人，是一門值得探究的學問。

 人力資源管理的 6 項功用

你的企業有恢宏的藍圖、遠大的目標，這一切都需要員工來參與、實現，而如何正確運用員工，是人力資源管理需要思考的。

人力資源管理幫助企業審查員工的價值。天生我才必有用，企業透過人力資源管理，將不同人才匹配到相應的工作中，讓合適的人完成合適的事，使人才利用效率最大化。

人力資源管理一方面幫助企業篩選、規劃、使用人才，

一方面幫助人們了解並挖掘自己的才能，其本質便是幫助每個成員與企業融合成一個整體。

## 1. 人力資源規劃

　　企業正常運轉的基礎正是人力資源規劃。人力資源規劃是經營策略的一部分，相對傳統的人事管理，它更具突出前瞻性和主動性。

　　在企業利益最大化的前提下，人力資源規劃保證所有職位都有足夠數量、品質、專業人員，同時為將要發生的變化儲備好相應人員。

## 2. 招聘與配置

　　人力資源管理中的招聘並非沒有計畫的臨時招聘，企業只要做好人力資源規劃，就不會出現突發的招聘需求。

　　招聘的目的是配置，人力資源部門再依照配置要求列出篩選標準，再根據標準招聘選取。因此，讓員工進入企業的第一步是招聘。企業必須藉由這一步選擇合適的人才，配置則是幫助員工找到定位。定位是否合適，會直接影響員工將來為企業創造的效益。

## 3. 培訓與開發

　　隨著科技的發展，每天都有新的變化。這些變化包括企業的經營方式，例如：技術、業務、管理、標準、工藝、流

程、創新等的改變。

　　當經營方式產生變化，除了資產配置需要調整之外，還要及時提升員工的知識與技能。培訓的第一個功用就是達到這個目的，第二個功用則是開發員工潛力，幫助新員工縮短熟練業務的週期。

## 4. 績效管理

　　績效體系包含建立績效系統、講解與溝通內容、考核、結果處置、提升績效、更新績效系統。

　　經營策略的內容要細分到員工的日常工作中，而細分到日常工作的內容便是績效點。將經營策略融入其中的績效體系，才能稱為績效管理，而單純的獎罰只是類似於傳統的獎金制度。

## 5. 薪酬福利管理

　　薪酬福利管理的內涵是兌現多出來的員工價值。要在企業付出利益最小與員工效率最高之間，尋找平衡點。由於平衡點是動態的，因此人力資源部門要根據情況及時調整。

## 6. 勞動關係管理

　　勞動關係管理主要處理員工與企業之間的關係，最重要的依據是相關的法律法規和國家政策等。其目的是幫助員工安心工作，並在可能出現的糾紛中，為企業減少損失。

**圖表2-1** 人力資源管理的基本內容

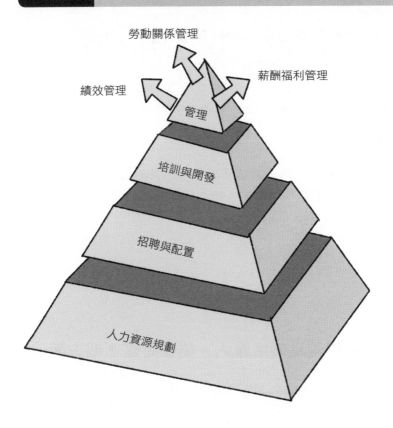

┤ 經營管理小課堂 ├

　　人力資源管理是為了企業實施經營策略而存在。唯有高效運用人力資源，才能使企業利益最大化。企業要像珍惜其他資源一樣，珍惜與善待員工。

## 2-2

# 【制度】根據公司情況制訂規則，要有系統和彈性

午休時，辦公大樓旁的咖啡店有3個女生在聊天，主要是談論某同事加薪，她們懷疑公司的公平性。公平性在人員管理中至關重要，如果3位女生所處的企業只考量個人業績，而且標準公開透明，那麼同事的加薪還會引起她們的猜疑嗎？

## 利用規章制度管人，需要考慮 2 個方面

企業要有相關的規章制度，一個制度的好壞主要考慮2個方面：一是系統化，二是彈性。

系統化要求制度必須涉及營運的每個層面，而且要公平公正、一視同仁，才能對經營發揮正面作用，有利於實現企業利益最大化等。

彈性可以使制度不死板，在一些不常發生的特殊情況下，制度給予一定的包容，但這個包容絕非退讓。

**圖表2-2** 企業要運用法治管理人才

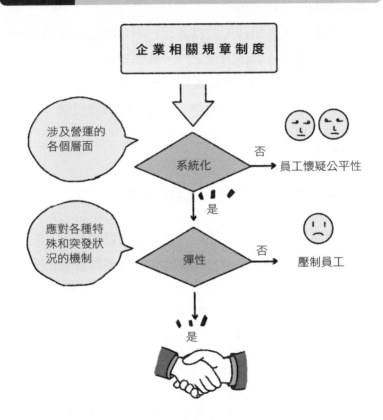

如果常有員工抱怨公司制度不好，就要檢查制度的系統化是否存在問題。假如必須經常拿出制度來壓制員工，甚至在一定程度上讓員工與企業之間產生矛盾，就必須檢查制度的彈性是否存在問題。

要根據企業情況量身定做適合的制度，制度本身要有應

對各種特殊或突發情況的機制，除非這個制度已不再適用於企業，否則不要輕易更改。

管理過程要嚴格按照制度進行，不要總是考慮個人感情因素，一旦為某人開啟方便之門，就需要替每一個人打開，否則有人會感到不公平，這就是「不患寡而患不均」。想要做到公正，只能根據規則操作，每個人都遵守規則，才能實現真正的公平。

 ## 管人的目的是為了順利工作

在企業管理過程中，任何一個方面的目的都離不開經營策略，管人也不例外。人力資源管理本身屬於實現企業經營策略的其中一個部分。試想一下，哪項工作不需要人來完成？管人本身就是為了讓工作順利進行。

進一步來講，人與人生而不同，假如在不進行精細管理的情況下，讓部屬進入各自的工作職位，會出現什麼情況？答案是混亂和無序。

管人的工作內容說起來簡單，就是選取合適的人才安排合適的位置，幫助已就位的人更加得心應手。這件事聽起來容易，做起來複雜，需要管理者做的事情很多，但這些都不是重點，重點是要緊緊抓住管人的目的。管理者必須先制訂經營策略，再根據策略的方向來篩選、聘用及培養人才。

┤ 經營管理小課堂 ├

採取法治是為了實現公平，但在制訂人員管理規章制度時，一定要符合企業的實際情況。沒有任何一套規則可以直接拿來生搬硬套，因為適合企業自身情況才是最好的。

## 2-3

# 【考核】人事評價制度具備 3 個特性，才能省時省力

剛入職的新鮮人小文發現，有些同事總是在主管出現時，努力表現出積極、認真工作的樣子，如果主管沒有盯著，就會偷懶摸魚。正因為這樣，企業需要找到一個可隨時盯著員工，且簡單有效的工具，於是人事評價制度誕生。

 **人事評價制度的 2 個功用**

人事評價制度是一個邏輯系統，可以幫助管理者有效率完成人事管理。它建立起成套的體系模型，使不同的模型適用於企業中不同的工作職位，並在這些模型中設置若干個關鍵點作為依據，持續評價員工對企業的貢獻，以及日常行為表現等。它主要有以下2個功用：

## 1. 幫助管理者更有效率、更準確管理人事

純粹依賴個人判斷的決定大多是片面的。管理工作也是如此，不是每位管理者都具備看透人心的洞察力，即使具備，也會有失誤的時候。因此，企業在處理人事管理這樣複雜的事務時，需要建立一個邏輯系統來協助。

## 2. 建立人事評價制度，等於建立一套全程監控

人事評價制度就像監視器，讓那些浪費企業資源、不能勝任工作的員工無所遁形。大部分的員工都希望自己的工作成果得到認可，不會太在意有個監視器時時觀察自己為組織所做的努力。

每個人都希望自己的努力、進步、貢獻及價值能夠被老闆或主管看到，所以主管在附近時，會表現出積極工作的狀態。但你的主管有自己的工作，不可能整天盯著你。

人事評價制度對應的內容，就是組織內所有員工的日常工作。這可以讓員工知道自己的工作態度會被管理者掌握，也可以在一定程度上刺激他們積極工作。

 ## 人事評價制度的 3 個特性

### 1. 關聯性

人事評價制度的內容必須與企業經營策略相關，才能展

## 圖表2-3　人事評價體系圖

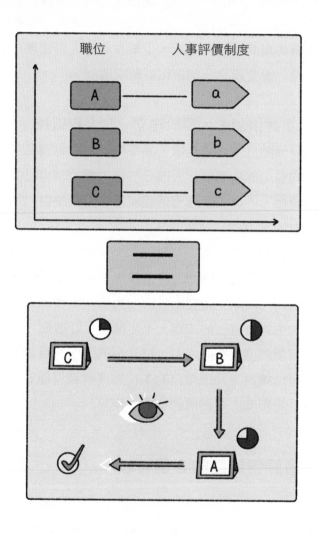

現企業對員工的期待。

## 2. 關鍵性

在評價制度系統內，不同職位模型選取的評價點，必須可以作為全面考量被評價對象工作結果的關鍵點，而且全部的關鍵點必須無遺漏地被選入模型。

## 3. 利益性

人事評價制度作為考評員工工作情況的系統，最重要的組成部分是對評價結果的處理措施。措施包含2個方面，一是獎勵，二是懲罰。

沒有獎懲的人事評價制度，只會在建立初期作為精神榮譽象徵發揮一些作用，但隨著時間流逝會失去效用。

┤ 經營管理小課堂 ├

企業在建立人事評價制度時，首先需要考量內容，其次是在制度中加入糾錯改正的機制，使它可以應對任何特殊或突發狀況。最後，在施行這個制度的過程中，盡量只依靠制度的規則，管理者身為實施者而非控制者，少更動規則，才能盡量做到公平公正。

## 2-4

# 【激勵】應用「期望理論」，讓部屬幹勁十足

在小文還是學生時，每當有大考來臨，他的媽媽都會與他談判：如果成績比上次高，就會有相應的獎勵。這種能夠獲得獎勵的談判，不僅可以激勵小文，還讓他擺脫因為懼怕考試而帶來的惡夢，反而更期待每一次的考試。

## 期望理論公式

1964年，美國心理學家和行為科學家維克多‧佛洛姆（Victor H. Vroom）在《工作與激勵》中提出M＝V×E公式，即著名的期望理論（Expectancy theory）。

在這個公式中，M代表激勵力量，V代表目標效價，E代表期望值。以員工的工作為例，套用這項公式的結果是：員工越渴望得到完成工作後的報酬（V），而且完成工作的把握越高（E），他完成工作的積極度與自我激勵就會越高

圖表2-4　期望理論公式的含意

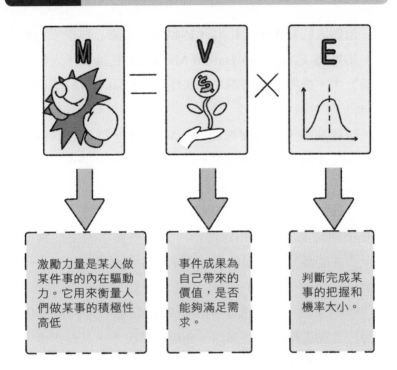

激勵力量是某人做某件事的內在驅動力。它用來衡量人們做某事的積極性高低

事件成果為自己帶來的價值，是否能夠滿足需求。

判斷完成某事的把握和機率大小。

（M）。

　　激勵力量等於目標效價與期望值的乘積。這表明2個問題：一是目標效價與期望值當中，有一個比原來水準提高，就能夠增加激勵力量；二是假如目標效價與期望值當中，有一個是負的，無論另一個水準有多高，相乘的結果依然是負的。

##  激勵措施要做到層次化，才能發揮效果

　　每個人的需求不盡相同。1943年，美國心理學家亞伯拉罕・馬斯洛（Abraham Harold Maslow）在論文《人類激勵理論》中，提出馬斯洛需求層次理論（Maslow's hierarchy of needs）。

　　該理論將人類的需求劃分為5個層次，從低到高依次分別為：生理需求、安全需求、社交需求、尊重需求、自我實現需求。

　　一般來說，人身上這5種需求是同時出現的，只是每個人在不同時期、環境和條件下，對這些需求的強烈程度不同。首先要滿足某一層的全部需求，才會繼續追求更上一層的需求。

　　舉例來說，當某人長期處於饑餓狀態，他的生理需求（尋找食物果腹）最為強烈。在這種情況下，其他需求在滿足生理需求前不再重要，甚至已經對他失去意義。

　　目標效價代表員工在完成工作後，其成果為自己帶來的價值回饋能否滿足需求。每個員工的生活狀態、收入情況、家庭條件、教育背景、進入社會的時間不同，這些都決定了同樣的激勵方法不可能對所有人發揮相同效果。因此，企業應該將員工激勵措施層次化。

圖表2-5　價值回饋層次化

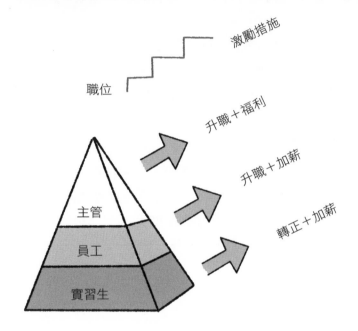

 **期望理論給我們的 2 個啟發**

1. 想提高員工的積極度，要從勞動報酬、績效設計的合理性下手：勞動報酬合理，可以滿足員工的需求；績效設計合理，能夠提高員工完成工作的主動程度。

2. 期望理論讓我們了解如何激發員工的積極度，不過要實現這一點，除了需要做到第1點之外，還要讓員工知

道：他只有工作才能滿足自己的需求；他的需求與其工作績
效連繫在一起；他只有努力工作，才能提高其績效。

┤ 經營管理小課堂 ├

想要快速實現經營目標，離不開資源的有效利用。
特別是人力資源，想要讓員工為企業的目標奮鬥，就必
須了解員工需要什麼。

不要把資源浪費在不能發揮任何推動作用的事物
上，而是把員工的需要與工作難度、企業目標結合，他
們才會努力工作。此時，員工不再只是單純為企業貢
獻，更多是為了滿足自己的需求而努力。

## 2-5

# 【報酬與動機】操作蘿蔔和鞭子，增加員工做事意願

> 　　驢夫在配備鞭子的同時，將一串胡蘿蔔掛在驢子眼前，讓牠以為往前走一步，就能吃到胡蘿蔔，於是一步一步繼續向前。胡蘿蔔（報酬）驅使驢子努力工作，鞭子（懲罰）督促牠不可駐留，驢夫（企業）決定牠最終得到多少胡蘿蔔（報酬），如此循環往復。

 **達成報酬：員工滿意報酬，會更加奮發**

　　「推己及人」是指設身處地替別人著想。管理者要站在員工的立場，思考他們的工作動機是什麼。

　　撇除個人情感和認知因素，工作的普遍動機是獲得報酬。報酬包括薪資福利和價值回饋2部分。目前，現金、物品酬勞、醫療保險服務等屬於薪資福利，而升職、自我實現等則屬於價值回饋。

　　傳統給予報酬的方式，只能產生工作動機，不能使員工

**圖表2-6** 發放報酬的方式，會影響員工的工作動機

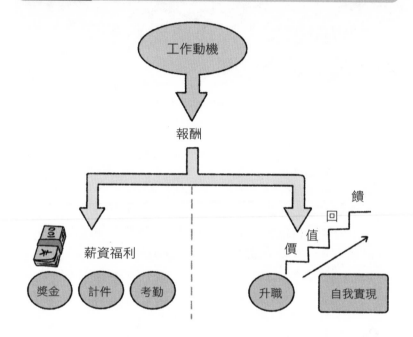

積極工作，其中奧妙在於發放報酬的方法。固定薪資不利於提升員工的工作狀態，因此不少企業在此基礎上實行獎金、計件、考勤等相對簡單的人事管理薪資方法，可惜大都效果寥寥。企業該做的是探尋固定薪資為何無法鼓勵員工，再思考解決方法。

首先，企業需要明確獲得報酬的途徑，讓員工明白獲得報酬不是單純因為上班，而是工作中做了什麼。衡量報酬的方式包括績效、工時、品質等。

　　其次，管理者必須清楚企業的經營策略，要求員工根據經營策略的規定做事，才能獲得相應的報酬。

　　最後，報酬只與員工的工作行為有關，其行為規範來自企業經營策略。動機（報酬）和行為（工作）相互捆綁，促使其為了達成報酬，主動積極為企業創造價值。

##  工作動機：滿足員工需求，提升工作動力

　　動機決定人們行為的方式、導向、強度和持久。它是直接驅使行為的力量，是個體動力系統的原動力。

　　1975年，策略管理專家指出工作動機有3種成分，分別是激發、導向、持久。工作動機的實現全靠報酬，報酬不等於薪資，薪資只是報酬的重要組成部分。企業可以給予滿足員工需求的一切內容，均屬於報酬。

　　既然提到需求，就離不開馬斯洛需求層次理論。它將人類的需求從低到高依次分為生理需求、安全需求、社交需求、尊重需求、自我實現需求（可翻回第52頁複習）。

　　對於報酬的需求也離不開這5個層次。為何薪資是報酬的重要組成部分，卻不是全部呢？因為薪資在5個層次中都有參與。說它不是全部，是因為薪資雖然是這5種需求的基礎，但推動力僅對低層次的需求較明顯，層次越高，推動力則越小。以下分析各個需求和工作動機的關係：

圖表2-7　需求層次理論和工作動機的關係

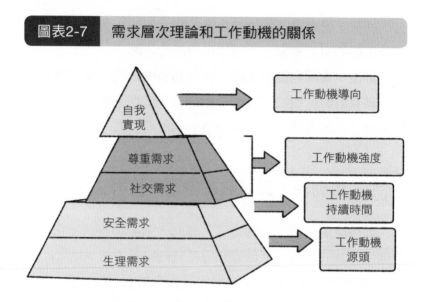

**1. 生理需求的達成程度，關係到工作動機的產生源頭**：連生存都難以繼續，談何工作？

**2. 安全需求的達成程度，關係到工作動機的持續時間**：在安全需求相對滿足後，它不再是激勵因素，但其滿足程度一直決定著工作動機的持續時間，稍有不足便可能導致動機終止。

**3. 社交需求及尊重需求的達成程度，關係工作動機的強度**：員工不必為將來（退休、醫療等）憂慮時，更希望得到情感滿足。這種滿足來自於許多方面，包括人文環境、被認可度、被關注度、被重視度等。需求越滿足，工作動機越強。

**4. 自我實現需求（自我價值存在感）的達成程度，關係到工作動機的導向**：在某家企業滿足自我實現需求後，員工基本上不會離開這家企業，因為其他企業或許可以滿足他的另外4種需求，但只有這家企業可以讓他達成自我實現需求。

---
┤ **經營管理小課堂** ├
---

　　透過達成報酬研究如何提高工作動機，是為了讓大家了解怎麼管理員工，才能使他們的行為符合公司利益。等價交換一定要貫徹始終，在你抱怨員工行為時，要先檢查自己是否給予員工足夠的動機。企業在管理時遇到問題，應該先從自身查找。

## 2-6

# 【學習】優質企業會持續學習，避免成為被淘汰的羚羊

無論屬於哪個年齡層，無論是在上學還是在工作，人們只要想把當前的事情做好，唯一的途徑就是學習。人們判斷某個人是否有潛力時，往往不是看他的現狀，而是看他有沒有改變現狀的能力，企業也是如此。

 學習型組織具備的 3 個特徵

提到學習型組織，大家腦海中幾乎都是這樣的畫面：在忙亂的日常工作中，企業出錢讓員工參加內部培訓或外部研習課程，安排員工舉行辯論或演講比賽。

應該有不少人認為這就是學習型組織，更有不少企業實際這麼做。但事實上，這些內容僅停留在個體學習層面，甚至形式大於實質。究竟具備哪些特徵的企業才是學習型組織？

## 1. 知識橫向發散，願意分享

傳統組織由上而下傳遞知識，上層決定什麼，部屬就做什麼，因此只有管理者在學習，員工只是單純接受。

學習型組織最大的突破在於，打破傳統的知識傳遞結構，把由上至下改為橫向發散。組織更新知識的重要表徵是創造性。組織的知識積累不再依靠模仿和接受，本身會總結經驗和教訓，創新知識和技術。這種創造性建立在組織內部群策群力共享知識的前提下，能改變傳統的知識傳遞模式。

## 2. 員工不分階層，持續學習

組織學習不像個體學習具有固定模式，因此學習型組織不應被某幾個成員制約，即使人員異動或高層更迭，知識更新也不會出現斷層。

這種學習行為是連貫且持續的，隨時在為企業增加知識、累積經驗。

## 3. 學習結果與企業經營密切相關

學習型組織更新的知識必然與企業經營有關，歸根究柢要反映在提高企業競爭力上，假如學習結果不能為企業帶來任何益處，就是浪費資源。

## 企業的學習形式有哪些？

### 1. 主動學習

　　不斷收集、整理內外環境的資訊，有意識地進行內部消化，以適應甚至領先所處的行業領域。

### 2. 被動學習

　　無法從容應對市場環境的變化時，根據已發生的變化去增減或改變經營方式。

 ## 主動學習與被動習學的區別

　　因為外部環境發生變化而被迫因應革新的企業，只能隨波逐流，就像東非羚羊的遷徙族群當中，老弱無力、反應遲鈍、跟在大家後面的羚羊，只能等著被獅子吃掉。因此，被動學習與其說是學習，不如說是苟延殘喘的掙扎。

　　主動學習的企業才稱得上學習型組織。企業學習不是讀課本、談理論，而是主動獲取資訊，根據資訊提前做好準備。這種能力讓企業比員工更先進，是企業引導成員，而不是成員引導企業。

| 圖表2-8 | 企業的學習形式 |
| --- | --- |

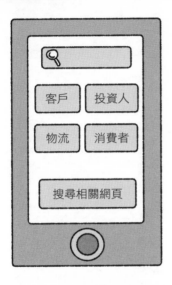

✓ 主動搜尋外部訊息，並整合內外資訊

！一昧增減內部訊息，無法從容應對市場變化

┤ 經營管理小課堂 ├

　　企業要學會審視自己，發現自身的不足，並且主動更新資訊。經營管理的最終裁判是時間，時間會淘汰掉不願意學習的企業。潮水退去，依然挺立的絕對都是扎扎實實、一步一腳印走過來的學習型組織。

| 圖表2-9 | 測看看你的企業經營管理是優還是劣？ |

1. 擅長發現並抓住機遇嗎？ ☐

2. 擅長開拓或創造新市場嗎？ ☐

3. 擅長應對風險或威脅嗎？ ☐

4. 擅長提高業績水準嗎？ ☐

5. 擅長找到自己的問題嗎？ ☐

6. 擅長發揚員工本職工作之外的能力嗎？ ☐

7. 擅長挖掘不同的資訊來源管道嗎？ ☐

8. 擅長制訂並實現計畫嗎？ ☐

9. 擅長信任部屬做到合理分權嗎？ ☐

10. 擅長實施新的決策或革新制度嗎？ ☐

11. 擅長創新，且 2 年內曾有創新嗎？ ☐

假如上述 **11** 條當中有 **2** 條以上不擅長，那麼你的企業就不是學習型組織，需要加強管理，否則將成為被淘汰的羚羊

第 3 章

# 如何讓資金周轉順暢？
# 掌握財務管理 7 件事

1. 預算週期

按照業務量

按照時間

按照專案始末

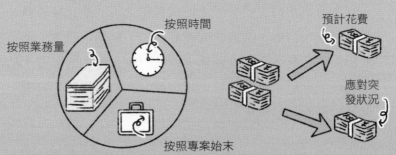

2. 資金分配

預計花費

應對突
發狀況

## 3-1

# 【收支】怎麼預先計算利潤？
# 重點在於收入與支出

財務報表反映曾經賺錢的能力和已經擁有的錢，而決定經營計畫的是未來賺錢的能力。提前預算企業未來利潤格外重要，因為企業經營都將以預算結果為基礎來安排、規劃。企業預算如同財務報表，都是週期性的。週期的長短要符合自身實際情況。

 預算總收入

首先制訂一個總收入目標，其目標構成為：主營業務收入＋其他業務收入＋業務外收入＋其他收入。

各專案預算主要參考上期資料和上月同期比較資料，合理預測未來發展，透過研究產品品項、結構、成本、產銷數量和價格等變數之間的關係，以及對收入產生的影響，結合市場經濟動態、企業經營策略規劃，在資料推算的基礎上，保證本期收入最佳化。

企業的收入由以下4個部分構成：

**1. 主營業務收入**：指企業在營業登記中註冊的主要經營業務的收入。

**2. 其他業務收入**：指企業的兼營業務收入，以及除了銷售商品或提供服務之外的業務收入。它包括技術轉讓、代購代銷、資產出租、運輸、包裝物出租等非工業勞務收入。

**3. 業務外收入**：指企業獲得與生產經營無直接關係的各項收入，主要包括固定資產盤盈、處置固定資產淨收益、非貨幣交易收益、出售無形資產收益、因債權人原因確實無法支付的帳款、教育費附加返還款等。

**4. 其他收入**：指除了以上3條之外的臨時收入，例如：政府補貼、違約金、原材料降價折扣、投資收益等。

## 預算總支出

制訂總收入目標後，根據目標情況和各期資料對比來預算總支出。相關計算公式如下：

**總支出＝主營業務成本＋其他業務成本＋主營業務稅金及附加＋管理費用＋財務費用＋銷售費用＋其他費用**

其中，業務類支出的運算要結合目標總收入的結果，非業務類運算則盡量考慮彈性和全面性。例如，若上期與客戶簽的訂單有較大的可能性違約，雖然也可能不會發生，但在

| 圖表3-1 | 預算企業的利潤 |
| --- | --- |

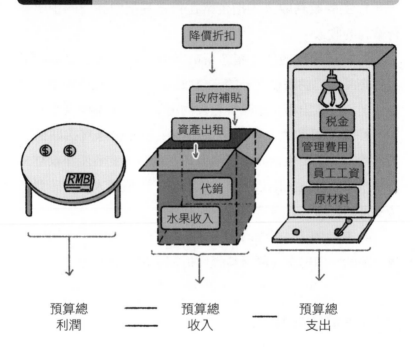

降價折扣

政府補貼

資產出租

稅金

管理費用

員工工資

代銷

原材料

水果收入

RMB

| 預算總利潤 | ＝ | 預算總收入 | － | 預算總支出 |
| --- | --- | --- | --- | --- |

預算支出時，應將違約金或補償款列入其中。

 ## 預算總利潤

預算總利潤的公式如下：

**總利潤＝總收入－總支出**

其中，總收入是預計目標，總支出是根據預計目標計算所得。預算總利潤的結果，將作為企業制訂生產計畫、人員調配、市場開拓等經營計畫的重要依據。

┤ 經營管理小課堂 ├

預算不是用來限定企業的行為，而是藉由分配資金來梳理經營思路，並用計畫與實際結果進行比對，找出差異和問題所在。

企業預估未來的獲利能力，才能制訂相應的經營規劃，如同買房一樣，知道自己將來每個月有多少收入，才可以確定如何貸款、每個月能去幾次高檔餐廳等。

## 3-2

# 【成本】成本分為固定與變動，才能清楚錢花在哪裡

老馬決定投資開工廠：廠房租賃費一年100萬元、生產設備折舊費一年10萬元、印刷宣傳一個月1萬元、工人薪資一個月50萬元、更換機器軸一個月5000元、發放獎金和提成一個月10萬元。

上述只是較大的費用，零碎費用更是不計其數，那麼老馬到底是賺錢還是賠錢？錢都花在哪裡？怎麼記錄才能不遺漏且分類清楚？

## 什麼是固定成本？

固定成本指在一定的時期和業務量範圍內，不受產出變動影響，可以基本保持不變的費用。根據管理決策行為影響固定成本的程度，把固定成本區分為約束性和酌量性2種。

### 圖表3-2 分析老馬投資工廠的費用

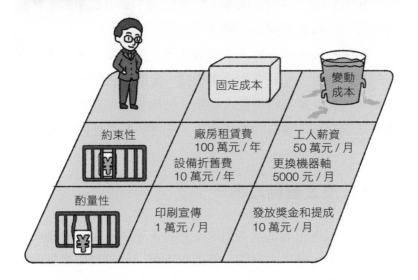

|  | 固定成本 | 變動成本 |
|---|---|---|
| 約束性 | 廠房租賃費 100 萬元 / 年<br>設備折舊費 10 萬元 / 年 | 工人薪資 50 萬元 / 月<br>更換機器軸 5000 元 / 月 |
| 酌量性 | 印刷宣傳 1 萬元 / 月 | 發放獎金和提成 10 萬元 / 月 |

## 約束性固定成本

指不受管理決策行為影響的固定成本，是企業維持正常營運能力必須負擔的最低固定成本，其金額的大小取決於企業自身規模和產出方式。

由於該費用具有很大的拘束性，企業無法透過當前決策改變它的金額，因此稱為拘束性固定成本。該類成本包括但不限於建築物或器械設備的折舊費用、保險費用、土地房屋生產工具的租賃費用、企業管理費用、辦公費用、非生產員工薪資、維修費用等。上述老馬的廠房租賃和生產設備折舊費，屬於約束性固定成本。

## 酌量性固定成本

　　相對於約束性固定成本，酌量性成本支出金額與企業經營管理的決策結果關係更緊密。

　　酌量性成本的多寡，主要取決於企業在預算中給予本專案的預算數量，一般會由企業根據一定時期內的經營狀況來判斷。例如：產品研發投入費用、技術專利創新費用、人力資源培訓費用、廣告宣傳費用等，都屬於酌量性固定成本。

 什麼是變動成本？

　　變動成本和固定成本相反，其發生總額在相關範圍內，完全依照產出變化而變動。變動成本可以根據費用發生的原因，區分為2種，一種是約束性變動成本，另一種是酌量性變動成本。

## 約束性變動成本

　　指單位費用受到一定範圍內的客觀因素限制，消耗量與產出有明顯的技術或要務關係，企業經營管理決策無法改變其總金額的變動成本，例如受到生產工藝、技術水準影響，單耗相對穩定的外購零件費用；在薪資發放模式和水準不變的情況下，生產線上作業工人的薪資福利等費用，都屬於約束性變動成本。

## 酌量性變動成本

指受到企業經營管理決策，可以改變其總金額的變動成本。企業透過管理決定，能夠決定酌量性變動成本的支出方式、比例和標準，例如工人的計件薪資等。這些變動成本都能被企業決策改變。

前文中，老馬的工廠一年產生費用＝1000000＋100000＋（10000×12）＋（500000×12）＋（5000×12）＋（100000×12）＝8480000（元）。

老馬要做下一年計畫，肯定要以上述算式為參考。

如果他想縮減開支，就要在做預算計畫時盡量合理縮減各種費用。當下一年結束時，如果收入沒有減少，實際產生費用等於或小於8480000元，那麼老馬的預算計畫就是成功的。若出現費用遠遠大於8480000元的情況，肯定是經營中出現狀況，結合當年財務報表中的費用記錄與預算計畫進行比對，可以很快發現問題出在哪裡。

┤ 經營管理小課堂 ├

費用分類不僅能使帳目記錄變得明晰，還能為企業預算提供依據。

## 3-3

# 【預算】如何擬訂原料預算計畫，降低成本保障利潤？

老馬最近很頭疼，本來想做好利潤預算以便控制實際收入水準，但在年計畫結束時，總是不能完成目標。對比報表，老馬發現人工費用和原材料費用是主要因素，其中人工費用不能再縮減，因為會造成員工流失，影響生產效率。究竟原材料費用存在什麼樣的問題？

## 原材料費用項目

先按照順序解釋圖表3-3中，各個項目的內容。

**1. 材料原價：**採購原材料時，支付生產商或批發零售商的實際價格。

**2. 相關費用：**產生此類費用一般是由原材料種類決定，並非每種原材料或每次採購全部都會產生。費用主要包含保險費、手續費、稅費等，其中保險費包含運輸保險和資產類保險等。稅費包含進口材料關稅、增值稅（一般採購價

圖表3-3 原材料費用表格範例

| A材料 | 數量 | 材料原價 | 相關費用 | 採購費用 | 運雜費用 | 檢驗費用 | 倉儲費用 | 損耗費用 | 採購次數 |
|---|---|---|---|---|---|---|---|---|---|
| 1月 | 10 | 10000 | 5000 | 2000 | 1000 | 1000 | 1000 | 500 | 1 |
| 2月 | 20 | 30000 | 30000 | 8000 | 2000 | 2000 | 1000 | 500 | 2 |
| 3月 | 20 | 20000 | 20000 | 5000 | 2000 | 2000 | 1000 | 500 | 2 |
| 4月 | 20 | 20000 | 20000 | 5000 | 2000 | 2000 | 1000 | 500 | 2 |
| 5月 | 20 | 20000 | 20000 | 5000 | 2000 | 2000 | 1000 | 500 | 2 |
| 6月 | 20 | 40000 | 40000 | 5000 | 2000 | 2000 | 1000 | 500 | 2 |
| 7月 | 40 | 40000 | 80000 | 5000 | 4000 | 4000 | 1000 | 600 | 4 |
| 8月 | 50 | 50000 | 125000 | 6000 | 5000 | 5000 | 1000 | 600 | 5 |
| 9月 | 60 | 60000 | 180000 | 7000 | 6000 | 6000 | 1000 | 600 | 6 |
| 10月 | 60 | 60000 | 180000 | 7000 | 6000 | 6000 | 1000 | 600 | 6 |
| 11月 | 40 | 30000 | 60000 | 5000 | 4000 | 4000 | 1000 | 400 | 4 |
| 12月 | 20 | 20000 | 20000 | 3000 | 2000 | 2000 | 1000 | 500 | 2 |

為含稅價）、國稅等。

**3. 採購費用**：採購費用為採購經費。由於較鎖碎，在此僅列出常見類型：採購人員差旅費、通信費、車輛派出費、業務招待費、採購辦公經費等。

**4. 運雜費用**：指原材料供應商將原材料運輸至倉庫的過程中產生的費用。

**5. 檢驗費用**：原材料抵達後，對原材料數量品質進行檢查、試驗或測試產生的一切費用。

**6. 倉儲費用**：企業為了保護、管理、存放原材料產生的費用，包含建設倉庫或租賃費用、轉庫搬運費用、維修保

養費用、倉管人員薪資等。

**7. 損耗費用**：損耗主要指儲存原材料、使用期間功能價值降低、破損、非生產耗費、折舊等產生的費用。

第75頁圖表3-3透露以下2個資訊：

1. 一月份由於春節的關係，各工廠停工，產量降低，對原材料的需求降至一年最低，所以原材料價格最便宜。此時老馬的工廠也要放假，所以對原材料的需求不高。年中至冬季是老馬所在行業的銷售旺季，工廠對原材料需求增加，因此價格提升。

2. 相關費用的多寡只與原材料總費用有關（見圖表3-4）。採購費用、運雜費用、檢驗費用與採購次數有關，倉儲費用、損耗費用的波動可以忽略不計。經過以上分析可以看出，老馬並沒有計畫性購買原材料，工廠採購完全是隨生產進行，產生很多額外費用。

## 預先計算原材料的 3 步驟

1. 根據利潤預算的結果，確定本期生產計畫，再就生產計畫需要，預算原材料數量、種類及費用。

2. 歸納銷售已下達訂單，列出本期需要完成的訂單，再就銷售計畫需要，預算原材料數量、種類及費用。

**圖表3-4** 材料原價和相關費用的關係

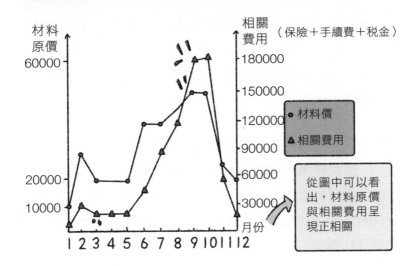

3. 原材料數量和種類總額確定後，以總額減掉庫存，就是實際數量和種類預計採購金額。

## 透過預算計畫，降低原材料的費用

老馬決定做好下一年的原材料預算計畫。為了降低費用，他想到以下2種方法：

1. 擴建倉庫，1月至5月間囤積原材料，備足全年用量。降低採購次數，與供應商協調，藉由一次性大量購買壓低一部分材料原價。

2. 對應月份購買原材料相關期貨。

實務中，企業常用第1種方法，但是這會占用大量資金。第2種只需交一定金額的保證金，就能完成交易。這兩種計畫都可以降低原材料費用，沒有優劣之分，主要是看企業具體情況來決定。

┤ 經營管理小課堂 ├

原材料預算計畫主要是將企業利益最大化，降低或維持原材料價格以保障企業利潤空間。研究某批次原材料的規律沒有意義，應該在廣泛收集歷史資料的基礎上制訂計畫。

## 3-4

# 【規劃】如何規劃經費預算，減少非必要的營運開銷？

老馬找同樣在投資工廠的朋友老王抱怨，工廠各種零碎支出太多，每項金額很小，但累積起來開銷很大，想請教老王有沒有好的解決方法。細心的老王想透過出差費找出老馬的問題，因此列出圖表3-5，對比他們工廠之間的差異。

## 圖表3-5　出差費用對比表格

| 本月出差 | 老馬 | 老王 |
|---|---|---|
| 次數 | 10 | 5 |
| 人數 | 2人／次 | 2人／次 |
| 里程 | 700km／次 | 700km／次 |
| 路費 | 7000元／次 | 4000元／次 |
| 餐費 | 5000／天 | 1200／天 |
| 住宿費 | 6000／天 | 2000／天 |
| 雜費 | 3000／天 | 500／天 |

老馬：報銷油資一公里10元；餐費、住宿費、雜費按照發票全額報銷。

老王：當月總出差經費預算30000元，往返里程1000km以下一人2000元路費，住宿一人一天1000元，每次餐費補助一人200元，經費超出部分在審核合理性後發放，預算剩餘則作為出差人員的獎金。

上述出差費只是經費中的一小部分。下面將講解經費包含什麼、如何制訂經費計畫，再分析老馬哪裡出錯，以及哪裡值得我們學習。

 經費包含什麼？

經費一般分為常規性開支與專項性開支。企業的常規性開支主要為經營管理費用，專項性開支則是產品研發費用（見圖表3-6）。

| 圖表3-6 | 經費常見項目 |
| --- | --- |

**經營管理費用預算的常見項目**

辦公費、會議費、業務招待費、公共關係費、出差費、車輛派遣或養護費、物業費、固定資產購置費、維修費、低值易耗品攤銷、無形資產攤銷、固定資產折舊費等

**產品研發費用預算的常見項目** .................

> 耗材費、原料費、固定資產折舊或租賃費、固定資產養護維修費、無形資產攤銷費、檢驗費、相關智慧財產權保護費、研發人員薪資福利、支付外包或合作單位費用、與產品研發直接相關的其他費用

 # 從 3 方面制訂經費計畫

## 1. 預算週期

經費計畫分為時間、專案、業務量3種週期。企業可以選取3種不同區間，計畫這個區間內的經費消耗水準，例如：按照時間制訂計畫，反映某時段的經費水準；按照專案始末週期制訂計畫，反映某項專案的經費水準；按照業務量資料制訂計畫，反映單位業務量經費水準。

## 2. 分配資金

考慮各項專案未來發生變動的可能性，資金分配要保持一定彈性，不能預計花費多少就只分配多少，否則難以及時應對突發情況。

分析企業業績與經濟情況後，確定最終預算總金額。經費預算總額參考當期利潤預算總額，盡量不要增加成本負擔，經費計畫要符合企業經營。

**圖表3-7　如何制訂經費計畫？**

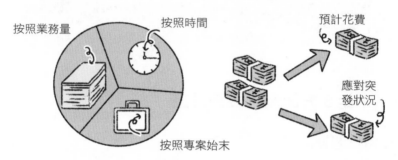

1. 預算週期

按照業務量

按照時間

按照專案始末

2. 資金分配

預計花費

應對突發狀況

3. 經費審核

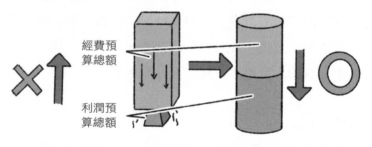

經費預算總額

利潤預算總額

## 3. 審核經費

　　整理當期需要完成的合約、訂單、協定或所需提供的服務，將預估出來的業務量與經費計畫進行對照。單方面提高業務的經費開銷沒有意義，審核時一定要嚴格篩選。

## 分析老馬與老王

老馬採用放任式經費管理，也就是沒有提前計畫。餐費、住宿費、雜費採用傳統發票報銷的方式，這種方式有很多弊端，舉例來說，員工出差時在高檔餐廳用餐，或在超市購買自已的物品來報銷，大幅浪費企業資源。

反觀老王，提前做好經費計畫，按照使用標準進行。這麼做能夠減少不必要的開銷，大幅減少資金浪費。

---

**┤ 經營管理小課堂 ├**

制訂經費計畫的目的，是規劃某時期內的日常資金分配，以確保企業經營順暢運行，因此經費變化代表企業經營活動的變化。

同時，經費屬於成本支出，不能獲得收益或提高經營管理能力的經費支出，就是浪費資源，因此每筆經費必須有合理的使用目的，才能列入計畫。

---

## 3-5

# 【調度】怎麼管錢和用錢？
# 估算資金調度金額和時機

> 老馬在銀行貸了三筆款項，分別是（A）10萬元，期限3個月；（B）10萬元，期限6個月；（C）50萬元，期限12個月。之後購買原材料使用10萬元，擴建倉庫支付40萬元。下個月要繳交本季水電費10萬元，支付薪資10萬元。倉庫擴建後淨收入一個月20萬元。

大家可以看出，老馬用一種簡單的加減平衡方式去貸款，因為短期內要支付70萬元，所以貸70萬元。這種方式存在什麼問題？怎樣才能掌握好資金調度金額和時機？

## 資金調度的金額和時機

預算是計畫調度資金的過程，前面為大家介紹各種預算計畫，其根本目的還是「管好錢，用好錢」。

企業資金不等於單純加減的數字，同一筆錢在不同時期可以反覆使用。例如：老馬下個月收入30萬元（20萬元淨收

圖表3-8　實現資金的最佳調度金額

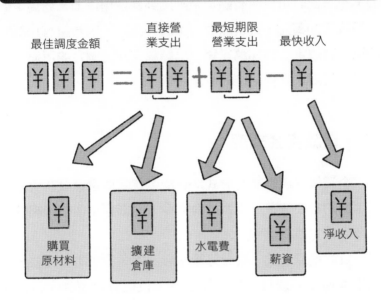

入＋10萬元原材料成本）中，其實有10萬元購買原材料的貸款資金撤回，而這10萬元又可以投入其他活動中，等於下個月貸款剩餘資金增加10萬元。

**1. 資金所需調度的金額**：相關計算公式如下：

**總金額＝直接營利支出＋最短期限營利支出－最快收入**

因此，老馬所需調度的金額為：10＋40＋10＋10－20＝50（萬元）。

**2. 資金調度的時機**：每筆資金的用途都由預算計畫決

定，在某筆資金完成其用途之後，在這個用途中的使用期限便結束，此時可以將剩餘資金調度到其他用途上。老馬下個月淨收入20萬元，其實際收入等於30萬元，因為還有10萬元的原材料成本，這10萬元資金已結束它在上個月的用途，在本月就是調入其他用途的最佳時機。

 貸款資金調度

　　企業債務最常見的形式是貸款，貸款償還應放在資金支出專案的首要位置，因為這會從多方面影響企業後續經營，以及借貸主體徵信情況。

　　貸款返還形式一般有等額本息還款、等額本金還款、等比累進還款、按月還息到期還本、授信分段還款、組合還款、先還息後按月等額等多種類型。

　　在不影響企業信用且支付利息最少的前提下，無論企業以何種方式拿到貸款、以何種方式償還貸款、怎樣在長時間內利用這筆資金最為重要。因此企業貸款前，需要制訂本次貸款的使用與償還預算計畫，根據計畫算出合理的金額與期限，選擇償還貸款的項目。

　　前面說過，最適合老馬的貸款金額是50萬元，以下我們一起計算該如何使用這50萬元金額（見圖表3-9）。

　　首先，貸款第一個月有40萬元用於擴建倉庫，為一次性投入。其次，每3個月（季度）需要支付水電費10萬元。另

| 圖表3-9 | 貸款使用與償還預算計畫 |
|---|---|

| 貸款月數 | 貸款資金分配<br>/萬元 | 貸款創造價值<br>/萬元 | 餘額/萬元 |
|---|---|---|---|
| 1 | 40+10 | 0 | 0 |
| 2 | 10+10+10 | 30 | 0 |
| 3 | 10+10 | 30 | 10 |
| 4 | 10+10 | 30 | 10 |
| 5 | 10+10+10 | 30 | 0 |
| 6 | 10+10 | 30 | 10 |
| 7 | 10+10 | 30 | 10 |
| 8 | 10+10+10 | 30 | 0 |
| 9 | 10+10 | 30 | 10 |
| 10 | 10+10 | 30 | 10 |
| 11 | 10+10+10 | 30 | 0 |
| 12 | 10+10 | 30 | 10 |

外每個月還要拿出1萬元用於購買原材料，10萬元用於支付薪資。最後，老馬每月可收入30萬元，其中10萬元為購買原材料成本，減掉成本後的淨收入為貸款創造價值。

　　大家可以看到，老馬貸50萬元就可以全部支付第一個月，第二月開始，可以使用完成用途的10萬元貸款加貸款營利20萬元繼續支付。剔除第一個月之後，每季貸款剩餘金額都會增加20萬元，3個季度便可以湊足貸款本金。

　　所以，前文老馬的A、B、C三種貸款，無論是從金額還是期限來看都不合適，在不考慮利息的情況下，老馬選擇9個月期限50萬元貸款最恰當。

┤ 經營管理小課堂 ├

　　資金調度的目的，是為了讓企業高效運用資金。合理的計畫才能實現這個目標。選擇合適的金額與時機進行資金調度，就是為資金調動制訂合理計畫。資金調度是否必要，主要看其結果能否幫助企業提高獲利能力，不能給企業帶來利益的資金調度都是非必要的。

## 3-6

# 【周轉】透過管理、流通與保護，提高資產周轉率

老馬和老王投資餐飲業，分別經營咖啡廳和飯店。兩人發現咖啡廳時刻處於滿座狀態，飯店只有中午和晚上各2小時有顧客，但是月底結帳時，飯店總收入竟然比咖啡廳多。明明咖啡廳的客人平均消費高，且時時客滿，為何總收入比飯店少？其實這與資產周轉率有關。

## 資產周轉率是什麼？

簡單來說，資產周轉率是某時期內，企業可以利用這些資產完成幾筆生意。咖啡廳顧客點一杯咖啡可以坐一整天，飯店顧客差不多半小時用餐完畢。一天之中，咖啡店一桌只完成一單生意，飯店一桌則完成好幾單生意。這就是周轉率的展現。

周轉率總是與淨利率一起出現。其實周轉率並非越高越好，它有一個前提，就是淨利率能否為正。零售業最明顯，

產品銷售價格越低，出售速度自然越快，周轉率越高，但價格越低銷售淨利率越低。

在這樣的情況下，最終賺的錢可能更多也可能更少，並非薄利多銷就一定賺更多錢。高周轉率雖然讓企業在更短時間內賣出更多產品，但單件產品價格如果無法抵銷其成本，肯定會出現周轉率越高而虧損越多的情況。周轉率到底多少最好？其實與行業及企業情況有關，沒有一定標準，只要能使企業獲利最有效，就是最好的。

##  如何計算資產周轉率？

資產周轉率的計算公式如下：

**資產周轉率＝本期主營業務收入／平均資產占用額**

其中，平均資產占用額的公式如下：

**平均資產占用額＝（期初資產占用額＋期末資產占用額）／2**

這個公式是以某個財務週期作為計算區間，期初是指上期期末，例如本期若為6月，則期初為5月。在當期資產占用額波動不大的情況下，期初與期末占用額平均值便是當期平均資產占用額。本期主營業務收入，可以理解為企業在這個時段內藉由做生意獲得的全部收入。

另外，下列公式計算的是資金周轉一次需要多少天，例如某企業一個月資金周轉10次，那3（30/10）就是它的資產周轉天數，公式如下：

**資產周轉天數＝計算期天數/資產周轉次數**

 ## 如何提高周轉率？

提高周轉率主要透過3個方面：資產管理、資產流通、資產保護。

**1. 資產管理**：將生產、採購、銷售計畫緊密結合，控管原材料與成品庫存，減少浪費與屯積，釋放被額外占用的資產。

**2. 流通資產**：提高銷售效率，增加資產對外流通速度。定期處理閒置、利用率較低或庫存，增加資產對內流通速度。

**3. 保護資產**：與其他方進行商業活動時，企業應按照法律程式簽署相關書面資料，一旦出現糾紛，可以及時透過合法手段追回資產或降低損失。

老馬的咖啡廳存在資產流通問題：顧客看起來不少，其實他每天的客流量比老王的飯店少很多。因此，老馬要加強行銷，提高咖啡廳的資產流通速度。

咖啡廳的翻桌率問題很常見，很多人不是單純為了喝咖

**圖表3-10** 做到 3 方面，可以提高周轉率

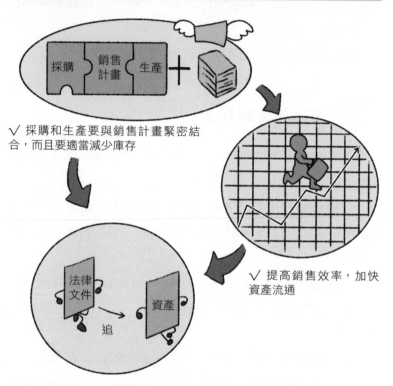

√ 採購和生產要與銷售計畫緊密結合，而且要適當減少庫存

√ 提高銷售效率，加快資產流通

√ 一旦出現糾紛，透過法律文件追回資產損失

啡而來，主要是想找一個安靜、清閒的地方。所以老馬可以從2方面下手：一是開發外帶產品，增加固定座位之外的銷售額；二是推出咖啡套餐，提高顧客二次消費的機率。

┤ **經營管理小課堂** ├

　　周轉率展現一家企業管理資產、利用資產的能力，切實地決定企業的經營狀況和經濟狀況，能讓企業知道該從哪裡著手改變、解決虧損、提高利潤。企業制訂的各種計畫、預算的最終結果，都需要周轉率來驗證。

## 3-7

# 【利潤】判斷企業是否獲利，你要看懂3種財務報表

　　A地產公司財務報表顯示：本季房屋銷售收入10億元，比上季減少50%；承包商違約罰款收入20億元，增長500%；支出和費用與上季相同，利潤為20億元，增長100%；資產500億元，負債450億元，其中變動債務50億元；現金流量淨額20億元，淨增加額10億元。

　　老馬看到A地產公司的利潤增加，現金也增加，覺得購買這家公司的股票準沒錯。老馬的解讀方式是對的嗎？

## 零基礎也能看懂財務3大表

　　財務報表可以展現企業的經營狀況，也會將經營問題以數字的形式表達出來，同時還是制訂經營計畫的重要依據。

　　身為經營者可以不會製作報表，但一定要看懂它。財務3大表分別是損益表、資產負債表、現金流量表（見第97頁圖表3-11）。沒有財務知識基礎的讀者，可能一看名字就沒

興趣。但是想快速掌握一家企業的情況，只能藉由研讀報表來達成。

## 1. 損益表

損益表又稱作利潤表。因為企業可能賺錢，也可能虧損，最簡單的演算法是：利潤＝收入－支出，結果為正是賺錢，為負則是虧損。

不過，最後計算出的利潤只是估值，不等於實際現金。收入內容為主營務收入、其他業務收入、投資收益、業務外收入。另外，有些企業還有補貼收入或其他業務收入。支出內容為營業成本與費用，其中費用包括管理和財務費用、營業外支出、稅費等。

要學會拿企業的營業收入、成本、費用與該企業所在的行業進行對比。一般同業的成本水準都差不多，差距會展現在收入和費用上：費用越低越好，利潤空間才大；收入要看長期收入情況，例如：主營業務收入，長期收入穩定增長會帶動企業其他收入增長，而且長期收入才是企業的主要收入。某一季忽然暴增的臨時收入，對於經營沒有很大的意義。

老馬看好的A地產公司主營業務為房產銷售，本季主營業務收入為負增長，其實已說明這家公司經營出現問題。A地產公司透過罰款臨時收入增長500％，這種收入具有偶然性，對於企業長期經營的作用幾乎為零。雖然利潤淨值增長

100％，但如果扣除罰款收入，該公司的利潤應該為0。

## 2. 資產負債表

　　資產負債表有一半是企業的資產，另一半是負債和所有者權益（投資人對企業淨資產所有權），兩邊相等，即資產＝負債＋所有者權益，或是所有者權益＝資產－負債，其中資產分為固定資產和變動資產。

　　較容易變現的資產一般放在變動資產中，當然也包括資金本身。一時無法迅速變現的資產是固定資產，例如企業的土地、廠房、大型生產設備等。

　　用借來的資產創造利潤，等於給資產加上槓桿，100元資產只能做100元生意，一旦透過負債加上杠杆後，負債100元卻能做200元生意。但這個槓桿是雙向的，做200元生意賺100元，等於企業獲得100％利潤，因為企業擁有的資產是100元，如果賠掉100元，不是賠50％，而是100％。所以借來的資產是把雙刃劍，一方面為企業提供助力，一方面會加速企業虧損速度，擴大資金缺口。

　　企業是不是負債越低越好？有些人可能認為答案是肯定的，因為負債低要還的錢少，產生的利息也少，企業負擔就小很多，否則忙來忙去全為債主打工，但事實並非如此。

　　沒有負債的企業未必好，不是它不想負債，而是沒人願意借錢給它。大富商和乞丐來找你借錢，你願意借給誰？在合理的範圍內，負債越高，說明這家企業越有價值，大家願

## 圖表3-11　財務 3 大表

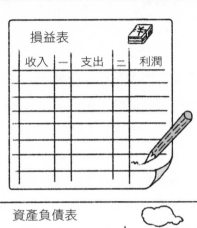

意借錢給它。不過這個合理範圍要根據行業和實際情況來定，一般為40%～60%。

## 3. 現金流量表

現金流量表顯示現金在企業內外的變動情況。現金流量制約著企業的一切經營活動，相信這點大家深有體會。

現金流量表主要由經營、投資、融資3方面的現金流量數據組成。進入企業的資金標記為正，流出企業的標記為負。現金流量可以反映這家企業的賺錢能力。這張表等於流水帳，記錄企業的銷售與服務收入、支付員工的薪資、稅費等一切日常財務活動。

投資活動好壞要看投資的內容。如果企業的投資與自身主營業務沒有關連，這種投資屬於投機，算是不務正業，金額越大越不好。假如企業的投資跟主營業務緊密相關，例如蓋廠房、購買設備、引進新技術等，必然金額越大越好，金額大說明企業前景好，願意投資未來。

融資活動現金流量主要展現企業籌措資金的能力，一般會記錄借了多少錢、還了多少錢、產生多少利息，以及分紅情況。

A地產公司現金流淨額20億元，還比上季增加不少，老馬覺得很滿意，沒有思考50億元的變動債是什麼。變動債是短期內需要還清的負債，A地產公司的現金全部用於還債都不夠，怎麼談得上好呢？

┤ 經營管理小課堂 ├

　　透過老馬的例子可以得知，財務報表上某類別的數字不能代表這個企業的整體狀況。財務3大表要放在一起看，才能更全面、真實地了解一家企業。損益要對應負債率（資產槓桿），資產負債要對應現金流量，現金流量則要參照損益，不要被某項單一數據迷惑。

# 第 4 章

# 如何強化產品品質？
# 實踐麥肯錫和豐田的方法

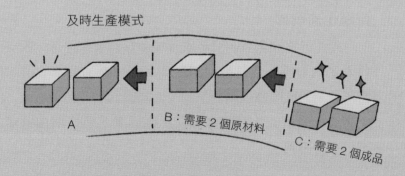

及時生產模式

A

B：需要2個原材料

C：需要2個成品

! 需要多少，就給多少原材料

# 4-1

# 【專案管理】「QCD」是根本要求，分別代表什麼意義？

老馬認為銷售人員是工廠中最重要的角色，因為銷售人員幫他招攬客戶，賣出產品獲得收入。在老馬看來，整個工廠都是靠銷售部門才能存活，他的咖啡廳也不例外。然而，生產是企業的基礎，一切經營活動都圍繞著生產進行，因此生產才是企業的核心能力。

 傳統生產管理與生產專案管理的區別

### 傳統生產管理

生產計畫完全依照訂單安排或庫存需要來進行。收支只列入企業總帳，很難長期觀察某次的生產活動對收益的影響。企業只按照職能劃分部門，而經營活動圍繞著生產，因此無論何時所有人員都在參與生產活動。這樣增加管理成本，不易協調。

## 生產專案管理

某項生產專案從開始到結束，其參與人員基本固定。專案成員一般是由專案負責人挑選組成，可以降低管理成本，而且溝通上比較容易。

收支獨立核算：專案開始前，企業會根據該專案預算撥發經費；專案完成獲得收益後，上交經費及一部分利潤，剩餘收益用於支付專案成員的薪資、獎勵或分紅等。新專案計畫都要單獨設計，在保證利潤的前提下，主要考量的是客戶所需的技術問題及週期。

## 生產中的「QCD」是什麼？

生產項目涉及兩方，分別是供給方與需求方。供給方希望成本（C）低，以提高利潤空間。需求方希望品質（Q）好，最好超過規定標準。同時，兩方都希望遵守交期（交付日期）（D）。這樣供給方可以騰出時間繼續其他專案，需求方也可以按期安排其他工作。

## 品質（Q）

品質包含產品品質、體驗、數量、設計等方面，但絕非越高越好。首先，過高的品質會對生產造成困難，可能延誤交期。其次，追求高品質勢必會增加成本，進而降低利潤空間，甚至導致虧損。另外，品質過高的產品未必是客戶需要

的，可能會成為累贅。因此，品質要控制在雙方約定的標準內，如果雙方沒有詳細約定，則以市場相關標準為依據。

## 成本（C）

控制成本的前提是達成品質（Q）和交期（D），在不影響這2項內容時，要盡量降低成本，以提高利潤。成本主要是指完成專案所需支出的全部費用，不只是直接成本。

## 交期（D）

交付日期沒有參考因素，只依據雙方約定執行。在無附加約定的情況下，必須嚴格遵守交付日期，不得拖延也不得大幅提前，因為過早交付可能會對客戶的計畫造成影響。

「QCD」詮釋出生產專案管理的本質要求，雙方約定為第一遵守原則，在沒有後續更改的情況下不得打破，在履行約定的情況下要盡量提高利潤。這不僅是生產專案管理的要求，大部分營利性專案管理的目的都是如此。

 ## 檢驗企業的生產性

所謂生產性可以用以下公式表達：

**生產性＝產出量／投入量＝生產量／（人×設備×材料）**

圖表4-1　「QCD」分別代表什麼？

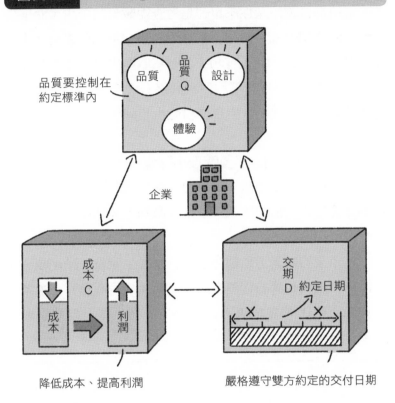

品質要控制在
約定標準內

降低成本、提高利潤　　　　　嚴格遵守雙方約定的交付日期

生產的3要素包括人、設備、材料，是企業生產投入的全部內容。檢驗生產專案的管理成果（生產性），是為了檢驗產出與投入之間的比例。

投入量取決於企業資產客觀水準，無論增添設備、採購材料、配置人員都需要占用大量資產，因此短期內不會在投

入量上有太大的波動。

　　這使得檢驗生產性不單純是考查總數量的多少，而是投入資產的使用效率，例如：某月淨利潤10萬，員工有10人，下月淨利潤20萬，員工有20人，若只看產出量，生產性好像提高，但其實2個月的平均淨利潤沒有發生變化，因為投入的使用效率是一樣的，生產性自然也相同。

---

### ┤ 經營管理小課堂 ├

　　老馬只看重銷售，展現出企業追求利潤的特性。這本身沒有錯，但隨著競爭越來越激烈，長期獲利的能力變得更加關鍵。

　　企業的經營活動都要依託於產品生產量、滿足顧客需求、提高利潤的管理辦法，才能保證長期獲利。企業資源有限，若在銷售上投入過多，在生產上自然會變少，這麼做將得不償失。

## 4-2

# 【供需】根據經營特色和市場需求，選擇產品生產方式

> 　　工廠擴建倉庫後，老馬制訂新的生產計畫：庫存達到下限時，提高生產速度；達到上限時，降低生產速度。前幾年工廠剛建立時，規模小、客戶少，接到一筆訂單就開工生產一次，不敢提前備貨，一是怕生產出來賣不出去，二是怕原本就不多的現金全部壓在貨上。

## 按照訂單生產，可緩解產品積壓問題

　　老馬早期按照訂單生產及現在按照庫存生產的方式，正是生產方式的2大類。這2類不存在優劣差異，因為它們適用於不同行業、商業模式及企業規模。

　　按照訂單生產又稱作按單製造，是指以客戶訂單需求和交期來安排生產。以下將介紹其優缺點：

## 優點

1. 減少或避免庫存問題，降低資產占用率和使用成本，可以緩解產品積壓問題。

2. 企業完全根據客戶要求進行生產，最大限度滿足客戶需求。

3. 產品生產與設計規範依照訂單內容進行，能夠為客群量身定制，在一定程度上增強企業的競爭優勢。

4. 由於資產占用更少，因此會提高資產周轉率，減緩資金壓力。

## 缺點

1. 按照訂單生產，意味著每次生產都要進行或大或小的調整，造成生產和品質標準難以統一管理。

2. 客戶的訂單差異造成企業必須為不同訂單開發多種產品，使生產管理及行銷的成本提高。另外，由於產品種類過多，需要大量採購原材料，若此時原材料價格上升，就會增加成本。

3. 受到客群需求波動的影響較大，某些客戶可能只會對某種產品提出一次訂單，或是每次下單時間間隔較久且數量過低，導致無法提前為客戶的訂單做好相應的生產準備。另外，客戶臨時下單、緊急下單時，不僅會打亂原本的生產計畫，還可能增加額外的生產成本。

4. 由於產量不穩定，企業很難保證生產的開工率，不

圖表4-2　按照訂單生產的優點與缺點

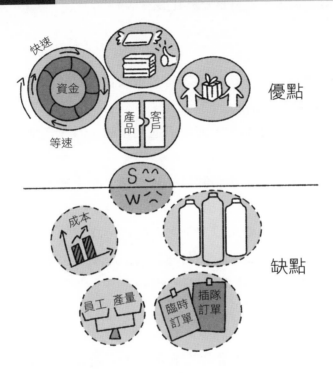

利於穩固員工，因此可能在淡季時流失大量員工，旺季時又招不到員工。

##  按照庫存生產，可大幅縮短交期

按照庫存生產又稱作現貨生產或備貨生產，是指企業在

接到訂單前就已完成生產，透過累積成品庫存，隨時滿足客戶的取貨需求。以下將介紹其優缺點：

## 優點

1. 客戶下訂單後無須等待，可以在最短時間內提取貨物，大幅縮短交期。

2. 產品種類減少，方便引進生產線，為大量生產創造條件。

3. 方便統一生產和制訂品質標準，減少管理成本，加強生產的系統性，維持穩定生產。

4. 規模化生產可以讓企業提前進行詳細的生產計畫，不僅容易控管，也方便建立長期採購的管道，並與供應商建立長期合作關係，降低原材料成本。

## 缺點

1. 可能造成產品積壓在倉庫中，大量資產被占用，拖累企業的資金周轉。

2. 庫存產品可能會因市場變化而過時，導致產品無法按照原價值銷售。即使產品沒有過時，也會因為長期積壓使企業產生耗損、折舊等損失，還會讓企業支付額外的倉庫管理費、維護費、場地費等支出，增加經營成本。

3. 對產品設計要求更高，由於按照庫存生產的企業所接到的訂單，通常只規定數量和交期，因此要求企業對產品

設計具備較強的能力，否則很難在同業競爭中存活。

　　4. 庫存可能會掩蓋經營中的各種矛盾，讓企業把精力全部集中在庫存數據上，而無法注意到行銷和創新等方面的問題。

┤ 經營管理小課堂 ├

　　經由上述分析不難看出，2種生產方式其實各有優劣，且各自的劣勢正是對方的優勢，因此企業該選擇何種生產方式，不在於生產方式本身，而在於企業的經營特點和市場需求。

## 4-3

# 【競爭】市占率要贏過替代品，最佳做法是增添附加價值

飲料種類繁多，包括碳酸飲料、咖啡、果汁、茶飲等，消費者主要是以什麼條件做選擇？假如某人能接受的價格是25元，就會在25元的飲料中挑選。若某天常喝的飲料漲到50元，他可能會選擇其他25元的產品來替代。如此一來，這2種飲料就存在替代關係。

 滿足 2 條件才稱得上替代品

2種產品之間存在替代關係，必須滿足以下2個條件：

1. 具備相同或相似功能，可以滿足消費者的需求。

2. 產品之間存在價格關連，A漲價會帶動B需求量提升，而且反過來也會成立。

上述2個條件缺一不可，舉例來說，著名的LV皮包與某些普通價位的皮包之間，不存在替代關係，雖然兩者都有皮

包的功能，而且理論上來說，某個漲價會提升另一個的銷量。但是，它們首先沒有達成第一個條件，雖然兩者都是皮包，但LV滿足一些顧客追求奢侈品的心理需求，這是普通皮包不具備的。其次，兩者功能不同，不可能產生價格關連。

在看待2個產品之間的替代關係時，不能只比對基礎應用功能，更要比對其附加功能是否相似。最典型的代表是百事可樂與可口可樂，它們能夠滿足相同消費者的需求，假設其中一種可樂價格驟然上漲，絕對會降低自己的銷量，並將這部分銷量轉移到另一種可樂身上。當然實際變化會更複雜，畢竟替代可樂的飲料有很多。

 ## 替代品對生產造成 2 個影響

### 1. 產品利潤

產品的利潤受到2方面影響，一是成本，二是替代品價格。銷售價格減去成本等於利潤，而銷售定價則取決於替代品價格。

舉例來說，500毫升的可樂，百事可樂賣30元，可口可樂也賣30元，可口可樂能不能把價格定為50元？可以，但銷量損失利潤必然遠高於單價提高帶來的利潤，可謂得不償失，不僅損失利潤，還拱手將市占率讓給百事可樂。所以，產品如果存在替代品，企業只能透過降低生產成本來尋找利

**圖表4-3** 替代品對生產造成的影響

（1）利潤

盡量壓低成本

替代品價格
成本

不得低於替代品價格

產品的利潤受到什麼影響？

（2）價值

提高產品附加功能

主要功能：皮包功能

附加功能：奢侈品功能

潤。

## 2. 產品價值

　　產品與替代品之間屬於競爭關係，雙方爭奪的是銷量，取悅消費者是最核心的內容。因此，企業若想取得更高的市占率，唯有提高產品競爭力。

　　這要求企業在生產時加入更多創新內容，為產品在基礎功能之外增添附加價值。這種附加未必是產品的使用功能，

更多的是顧客消費產品時的體驗。

　　舉例來說，肯德基和麥當勞早年祭出「兒童牌」，專門推出兒童套餐、玩具、遊樂區、生日聚會來拉攏小孩，讓孩子們在用餐的同時，還能獲得其他速食店無法給予的感受。其實除了兒童套餐是產品之外，其餘都是產品附加。事實證明，孩子長大之後，還是會選擇熟悉的餐廳消費，他們仍然是肯德基和麥當勞的顧客。

┤ 經營管理小課堂 ├

　　替代品競爭存在於每個行業當中，企業應時刻關注、研究替代品的消息，並提高自身的生產管理水準，努力為產品增添附加價值。

## 4-4

# 【計畫】生產計畫必須解決 3 個問題，遵循 3 項原則

企業擬訂生產計畫前，首先要確定目標。這個目標必須可量化、可實現，常見的有生產量、交期、庫存、開工率等。一份生產計畫通常包含多項目標，例如：產量＋交期或庫存＋開工率，然後確定參與計畫的生產程序和相關部門，將目標拆解到每一個單位中。

 能回答這 3 個問題，才是好的生產計畫

生產的核心永遠圍繞著客戶與企業，生產計畫是為了滿足它們而存在。生產計畫的內容不複雜，主要用來解答3個問題：生產多少？誰來生產？多久完成？

### 1. 生產多少？

計畫的量一般是由銷售預估和已接訂單決定，既要保證生產連續性，又要滿足銷售需求。

## 2. 誰來生產？

　　參與部門應該分成2個部分，一是生產部門，二是其他相關部門。生產部門按照程序劃分，每道程序要完成各自的目標（拆分自總目標），而相關部門要完成相應任務，例如：倉庫要完成符合生產計畫量的倉管工作，物流要完成符合生產計畫量的調度，品管要完成符合生產計畫的檢驗次數，採購要提前準備符合生產計畫量的原材料等。

## 3. 多久完成？

　　生產計畫中的多久完成並非單指某批產品的完成日期，而是指交期與進度，也就是控管客戶接收產品的時間與日常生產情況。

 **生產計畫的功用，是引領各部門**

　　由生產計畫擬訂出來的過程，可以看出生產計畫是企業進行生產活動的總綱領，具有指導企業營運的功用，其他計畫都要依據生產計畫擬訂。

　　很多人對生產計畫有誤解，認為它應該是一份詳細控管企業生產各方面的文件，特別是關於產品品質控管，有些人覺得應該將這部分內容著重展現在生產計畫中，包括品質標準、檢驗方法等。其實，生產計畫只是發揮引領全域的功用，細節還需要其他計畫來補充，例如：確保產品品質需要

依據生產計畫來建立品質控管計畫。

生產計畫透過拆解目標，幫助所有部門建立任務目標，同時利用目標完成度來掌握和控管各部門的任務完成情況，使企業得以實現整體目標。

因此，它最主要的功用不是讓企業知道具體該做什麼，而是將任務合理分配到企業內部，並保證這些任務得以完成，以實現整體目標。具體該怎麼做，則需要各部門自行擬訂計畫，或建立完善的管理體系，例如：制訂品質控管體系等。

##  生產計畫必須滿足的 3 個基本原則

### 1. 應對市場銷售變化

大部分產品的銷售都存在淡季與旺季，這是由市場變化和顧客需求決定，企業無從改變。因此，企業的生產計畫要展現出符合淡季與旺季的銷售規律，就是「什麼時候多生產？什麼時候少生產？」。

企業必須在旺季來臨前，備妥成品以滿足銷售量，又要在淡季來臨前，把庫存控制在合理的水準。

### 2. 提高企業利潤

企業可以從成本與銷量2方面控制利潤。生產計畫將企業的生產任務進行合理安排，壓縮一部分費用，例如：採購

| 圖表4-4 | 生產計畫的 3 個基本原則 |
| --- | --- |

### （1）應對市場銷售變化

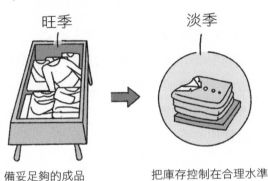

旺季　　　　　　　　　淡季

備妥足夠的成品　　　　把庫存控制在合理水準

### （2）提高企業利潤

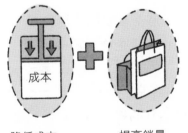

成本

降低成本　　　提高銷量

### （3）統籌安排企業資源

市場部

管理階層

銷售部

可以根據計畫，尋找更低的價格來預購原材料，藉此降低生產成本。

產品數量則在市場變化前，就已進行相應的庫存準備，

例如：淡季與旺季的生產變化，可以幫助企業充分利用銷售機會，也會為清理庫存提前做好準備，不僅讓企業賺更多錢，還能減少資產占用。

## 3. 統籌安排企業資源

企業透過生產計畫調度各項資源，在拆解目標的同時，其實也在拆解企業資源。在分配這些目標給各部門時，也在分配能夠完成目標的資源。這麼做能夠明確每項資源的用途，避免閒置和浪費。

舉例來說，生產計畫為採購分配任務後，採購部門擬訂相應的採購計畫，採購計畫中需要用到的資金、車輛等，其實是依據任務分配而來。

一份生產計畫必須滿足以上3個基本原則才算合格，如此一來就能在滿足市場需求時，也滿足企業需求。

┤ 經營管理小課堂 ├

生產計畫是企業一切經營活動的總綱領，其他計畫都要依據它來擬訂，因此生產計畫只要符合3個基本原則即可，沒有必要把所有活動羅列其中，否則不僅效果不好，甚至會本末倒置，抓不住重點。

## 4-5

# 【品質管理】4 個步驟執行品管程序，才能提升顧客滿意度

> 減少火災帶來損失的最佳方法，不是設置先進的消防隊，而是增強火災防範意識。品質問題如同火災，品管人員就像消防隊。把問題全部扔給品管人員的企業，往往不願花費心思建立完善的品質控管體系，解決問題的方式依然停留在滅火而非防火上。

 現今，顧客越來越重視產品的品質

　　1945年，美國空軍降落傘的合格率為99.9％。這意味著從機率上來說，每一千個跳傘的士兵中，會有一個因為降落傘不合格而受傷甚至喪命。

　　軍方要求廠商必須讓合格率達到100％，負責人表示儘管他們已竭盡全力，99.9％仍是極限，除非出現奇蹟。

　　因此，軍方改變檢查制度，向廠商表示要在每次交貨前，從降落傘中隨機挑出幾個，讓廠商親自跳傘檢測。從此

奇跡出現了，降落傘的合格率竟達到100％。

以上故事詮釋品質管理的變遷歷程。起先，大家將產品設定成優良品、合格品、殘缺品3種規格，並且設置不同價格，即使是殘缺品也有市場，因為部分消費者會被低價吸引。此時，市場的供需關係通常是需求大於供給，產品生產出來就會被買走。

但是市場發展至今，品管標準也在轉移，企業不再能決定什麼產品好，一切由顧客驗證，必須符合他們的需求。

品質管理的目的是讓客戶滿意，並以達成企業的獲利目標為前提、以產品或服務的品質為中心，這些通常需要全員參與。

##  品質管理的程序有 4 步驟

### 第 1 步：IQC（Incoming Quality Control）

原材料品質控管。原材料採購是生產最前端的環節，若原材料品質不良，生產出來的產品必定受到影響。

企業如果控管好原材料品質，可以有效減少成本，例如：與供應商建立長期合作關係、派品管人員入駐對方企業協助管理，或以檢驗的方式查核每批原材料等。

### 第 2 步：PQC（Process Quality Control）

製程品質控管。生產過程中對半成品進行品質控管，可

以及早發現問題並解決。

　　若企業只依靠成品檢查的步驟來發現問題，必然會造成浪費（處理產品存在品質瑕疵的問題），例如：制訂半成品標準，符合標準的半成品才能進入下一個程序，以確保成品不會出現問題。

## 第 3 步：FQC（Final Quality Control）

　　成品檢查。這是生產的最後一道程序，全部成品都要接受品質檢查，合格的產品才能打包裝箱。舉例來說，某玻璃

圖表4-5　品質管理的程序

製品廠生產一批玻璃瓶後，裝箱前要有品管人員檢查所有成品的外觀及性能。

## 第 4 步：OQC（Outgoing Quality Control）

出貨檢查。這是產品裝箱後的檢驗，也是企業在出貨前最後一次保證產品品質的機會。檢驗時，通常會採用抽檢的方式。假如在這個環節發現產品存在問題，就需要全檢整批產品，有問題的產品絕對不可以進入銷售程序。

┤ 經營管理小課堂 ├

品質管理重在預防，越早發現問題就能越早解決，更能減少損失。顧客滿意度是品質管理成效的唯一檢驗標準。

## 4-6

# 【豐田】生產強調 Just In Time，改善產品庫存與資產占用

大多數企業都有產品積累、資產無效占用的困擾。幾十年前，日本企業「豐田」發明一種獨特的生產模式——及時生產，該模式幫助企業減少庫存，但不中斷產品供應，能在降低成本的同時，提高資產利用率。

 及時生產是什麼？

及時生產（Just In Time，JIT）是指某個生產環節需要新資料時，上一個環節按照要求，及時為其提供所需資料的生產模式。目的在節省成本、提高效率，幫助企業獲得更高的利潤。

及時生產著重及時，不僅是生產的及時，還要求各個程序和其他部門，甚至上下游產業都要配合。

首先，從企業內部說起。某企業的生產程序分成A、

B、C、D共4個環節，其中D是成品產出環節，A、B、C是加工原材料或半成品。企業必須在總生產計畫中拆解出與A、B、C、D相應的部分，並制訂獨立的生產計畫。

以庫存為例來說明。在傳統生產方式中，A、B、C、D是自己生產自己的，生產完後通知下個程序來取件，或是找搬運裝卸部門來運輸。及時生產模式則相反，什麼時間提交產品不是由上個程序決定，而是由下個程序決定。

在及時生產模式下，每個程序都有一個半成品或原材料庫存警戒線，當下個程序的所需物料降到某個數值時，上個程序必須產出足夠補充的物料，而且在規定時間內送至下個程序，以保證整條生產線能夠時續運作。

也就是說，D找C索取物料，C找B，B找A，A則找供應商，需要多少就生產多少，每個程序都沒有多餘的庫存，這樣能節省成本、提高效率。

舉例來說，某企業專門生產瓶子，收到一個要求生產10個瓶子的訂單，但他們的資源只夠生產5個，此時可以先引進5個瓶子的原材料進行生產。在交付成品後，把收到的資金繼續投入生產另外5個瓶子。這樣能繼續開工，還能提高資產利用率，完成更大規模的生產。

再來討論企業外部，既然企業沒有積壓資源，肯定要從原材料供應商那裡多次少量拿貨。這樣的生產方式如同精密儀器一般，因此企業必須與下游廠商或客戶溝通協調，否則訂單累積或其他問題會導致原生產計畫被打亂。

圖表4-6　什麼是及時生產？

傳統生產模式

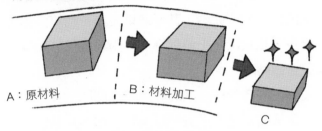

A：原材料　　　B：材料加工

C

! 原材料有多少就加工多少

及時生產模式

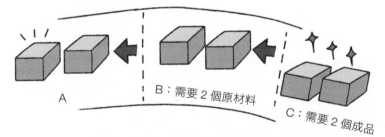

A　　　B：需要２個原材料

C：需要２個成品

! 需要多少，就給多少原材料

##  實施及時生產，讓各程序不敢鬆懈

及時生產的功用不僅是及時交付，最重要的是幫助所有生產環節保持相同節奏，甚至連供應商、物流商也會與企業保持同步，讓企業、上游供應商、服務提供者如同一台精密儀器整合運轉。

前文提到各程序之間的客戶關係問題，及時生產能夠完美地將這種關係融合進去。正因為存在客戶關係，才使得所有環節能夠維持整體秩序，與其他環節保持步調一致。

A、B、C、D這4個程序依序為下個程序提供產品，且產品需求均由下個程序決定，也就是說，上個程序是供應商，下個程序是客戶。客戶自然會對產品提出要求，交期和品質變得尤為重要。

舉例來說，若B程序的產品品質不能滿足C程序的要求，就會影響到C程序對D程序的供應，導致D程序無法正常產出產品提交給客戶，而且已經交給C程序處理的產品可能需要回到B程序處理，以滿足品質要求，因此A程序不得不停工或降低產量。

在這樣的供應關係下，C程序自然會主動檢查、監督B程序的生產情況。若因為C程序的鬆懈，導致B程序的問題沒有及時被發現，那麼C程序發生問題時，就要由C程序承擔責任。

每個程序既擔當上個程序的客戶，又擔當下個程序的供

應商，就會自覺地檢查上個程序提交的產品是否合格，自己生產的產品是否滿足下個程序的需求，如此一步步傳遞產品，最終就能保證產品的品質。

 ## 及時生產的弊端

關於及時生產的好處，已經在前文提及許多，例如：降低成本、減少資產占用、提高資產利用率、保證生產效率和品質等。但是，這個生產模式其實不太適合中小型企業，為什麼呢？

首先，這種生產模式只適合規格多、產量大的企業。其次，它要求採購必須少量多次從原料供應商批貨，單次提貨量肯定不高，這不僅會增加額外的運輸費用，還拿不到大量批貨的優惠或賒欠支付，進而增加企業成本。

另外，這種生產方式對供應商要求較高。供應商提供的產品必須品質優良，而且能夠將產品排序成可立即投入生產的狀態。這也會提高原材料價格。

想要解決這個問題，企業與供應商必須建立長期的合作關係，或是自己發展上游供應鏈。前者說起來容易，做起來難，而第二種則需要投入更多資金。

最後，物流是一個很難解決的問題。無論是企業內部的物流，還是外部採購與銷售的物流，都很難保證及時。

---| 經營管理小課堂 |---

　　及時生產實現從材料到成品、從生產到出貨的成本節約，還能提升產品的品質。儘管如此，企業仍然需要注意庫存與供應商的貨源管理。

## 4-7

# 【麥肯錫】運用 7S 模型，分析策略、結構等企業核心要素

　　新手經理人、初創業的企業主經常提出這樣的疑問：我們到底在經營什麼？企業經營管理的重點有哪些？做好什麼內容才稱得上經營管理？本節將針對上述疑問，解說企業的核心要素及相關工具——麥肯錫7S模型（McKinsey 7S Model）。

 **麥肯錫 7S 模型的各個含義**

　　麥肯錫7S模型如同大考前的輔導老師，為企業經營畫出重點，也就是企業組織7要素。這些重點既是企業的基礎，更是企業存續發展的關鍵。

### 策略（Strategy）

　　策略是指企業為了發展，根據自身優勢與缺陷，制訂出可實現的目標及達到目標的方法。

## 結構（Structure）

　　人員調配、職位職能、協調關係、資訊傳遞等，都要依據策略目標的實施方式來決定，因此結構主要應該考慮是否更利於實現策略。

## 制度（Systems）

　　完善的制度不僅為企業提供有系統的保障，更是實施策略的基礎。好的制度要與策略相互契合，策略目標著重什麼，制度就要加強什麼。

## 員工（Staff）

　　策略是由企業內部的員工執行與完成，人力資源就是實施策略的關鍵，因此員工的素質高低，決定策略最終能否取得成功。

## 技能（Skills）

　　員工執行策略時，需要具備一定的專業技能。提升技能依靠完善且循序漸進的培訓。技能水準越高，職員完成工作任務的成效越好。

## 方式（Style）

　　經營方式主要體現在實施策略的方法上。企業為了確保策略進展，必然會採取相應的管理手段，久而久之，這些管

| 圖表4-7 | 麥肯錫的 7S 模型 |
| --- | --- |

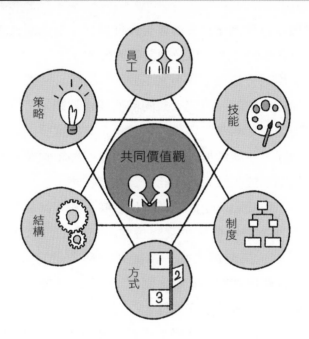

理手段會變成企業固有的經營方式。

## 共同價值觀（Shared Values）

策略不僅是企業上層建構某種決策行為，更應該成為所有成員的共識，因為策略拆解在每位員工的工作當中，唯有員工充分認識它、對它產生認同，才會共同為實現策略目標而努力。

# 7S 模型的功用有哪些？

　　7S模型為我們建立一個經營管理模式，這個模式讓我們了解自己在經營什麼，以及應該管理什麼。

　　整個模式分成硬體與軟體2部分：策略、結構、制度是硬體；員工、技能、方式、共同價值觀是軟體。可以這麼理解：硬體是企業的基礎建設，軟體是企業的實質內容，只有完成基礎建設才能添加內容，如同生產電腦，硬體為軟體的載體，電腦主機組裝完成才能安裝操作軟體。

　　企業出現問題或是需要進一步發展，其本質還是要從7S模型中尋找突破途徑。企業變化會給7S模型帶來相應的變化。如何讓企業變得更好，牽扯到7S模型中的某個S先變化，其次是順序問題。結構、制度、員工、技能、方式、共同價值觀全部圍繞著策略進行。

　　企業無法從硬體與軟體上找到合適的前進方向，代表策略需要調整，原因不是之前的策略已實現，就是之前的策略已不適應當前情況。企業要在保證策略沒有問題的情況下，思考其他6S是否有可以改進之處。

　　7S模型不僅適用於企業整體的經營管理，在部門管理中也有極強的實用性，例如：生產部門生產之前，要先有生產計畫（策略），才能確定如何生產（結構）、誰來生產（員工），生產過程中由品質控管體系和操作標準，來約束生產人員（制度、技能）。只有生產人員全部認同生產計畫制訂

的目標（共同價值觀），生產計畫才能進行下去。如果明明一天只能生產1噸，卻要計畫生產100噸，絕大部分的生產人員都不會認為這個目標可以實現。

---

**┤ 經營管理小課堂 ├**

　　7S模型作為經營管理工具，為經營者標示出成功的重點：制訂策略、為了配合策略建構相應的組織結構、為了確保策略方向而建設完善的制度、提升員工的技術、形成專屬的經營方式、策略目標成為員工的共同價值觀。

　　企業在以上循環中查找問題並做相應的改進與完善，以謀求更大的發展空間。

---

第 5 章

# 業績起伏不定？
# 挖掘市場需求，
# 活用行銷技巧

公司決定經營策略的過程

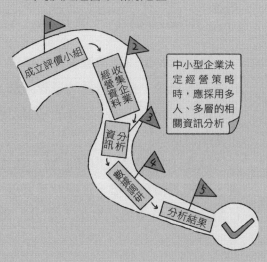

中小型企業決
定經營策略
時，應採用多
人、多層的相
關資訊分析

1 成立評價小組

2 收集企業經營資料

3 資訊分析

4 數據測試

5 分析結果

## 5-1

# 【宣傳】藉由商業活動傳遞特色，吸引顧客主動買單

俗話說：「酒香不怕巷子深。」這句話在現代的市場已經不完全適用，雖然做出好產品是企業必備的基本素質，但資訊傳遞的速度越來越快，不能成功將自己宣傳出去，只會在激烈的競爭中處於被動地位。

## 市場活動不只要推銷，更應注重企業特色

市場活動是一種傳遞資訊的過程。資訊由企業發送，最終由顧客接受，企業傳遞的是認同感，讓大部分顧客對企業或產品有正面的認識，最好的結果是顧客信任企業，並且認可產品價值。

很多人只要提及市場活動，就會把它與各式各樣的企劃、行銷連結在一起。這麼做其實很片面，因為商業宣傳與行銷手法只是市場活動的一部分。**市場活動不僅要推動銷**

**售，更要展現企業經營特色。**

　　舉例來說，某企業注重產品創新，經營重點也在於此，但是單純透過商業活動大肆吹捧自己的創新能力，只會引起顧客反感。不如藉由宣傳企業文化來傳遞創新思路、經營方式、員工日常工作習慣和制度規定等。

　　這麼做更容易讓顧客接受，而且用這種潛移默化的方式傳遞的資訊，不是企業直接告訴顧客，而是顧客自己思考出來的，他們必然會產生強烈的認同感。

##  推銷時，應該向顧客傳遞 2 個資訊

### 1. 產品

　　首先要學會換位思考，市場上不缺乏替代品，所以要站在顧客的角度思考他們的需求。

　　顧客需要的產品是由企業生產出來，企業的產品要確實滿足顧客需求才能宣傳，因為虛假的宣傳等於拿石頭砸自己的腳。顧客需求主要來自3方面，包括性價比、功能性、體驗感。

　　產品有價格優勢、領先技術、特色、服務或良好體驗，都可以成為吸引顧客的資訊，例如：某企業生產手機，其技術水準在同業中不出色，品質也只是平均水準，那麼它宣傳的重點應該放在外觀設計或價格優勢上。也就是說，企業要學會隱藏產品的缺點，並且大力展示產品的優勢。

## 2. 企業

沒有硝煙的戰爭，恐怕是現代企業競爭最好的寫照。兩款性能相同、價格相似的產品，為何顧客選擇某家企業的產品，而非另一家？

企業對顧客的輸出已不僅是產品本身。產品只是一個載體，承載著企業價值理念和經營內容，是一種能產生共鳴、認同甚至依賴的價值觀。

**圖表5-1　市場活動傳遞給消費者的資訊**

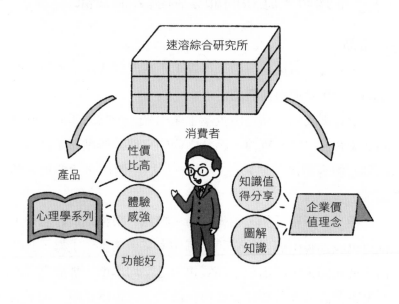

顧客對企業的認同需要循序漸進，不能指望某一、兩次的活動就能達到效果，還是要落實在產品及服務上。舉例來說，海爾創辦人及執行長張瑞敏砸毀品質有缺陷的冰箱，並表示有缺陷的產品等於廢品，消費者知道後能不感動嗎？這就是企業價值觀的輸出。

┤ 經營管理小課堂 ├

市場活動的關鍵在於自我推銷，推銷的內容離不開客戶的認可，而產品銷量、企業利潤是檢驗推銷手法好壞的指標。

以顧客為主是市場活動的唯一核心，不要只把眼光放在氣氛熱鬧卻毫無意義、浪費資金的宣傳上，而是發展多管道策略，挖掘客戶願意接受的推廣方式。

## 5-2

# 【行銷 4P】產品、價格、通路與推廣，缺一不可

> 何謂市場行銷？有人為了標新立異，創造一些新概念、新名稱，使行銷越來越複雜，讓人難以掌握本質。美國市場行銷協會給出一目了然的定義：市場行銷是指組織在創造、溝通、傳播和交換產品的過程中，為顧客、合作夥伴及整個社會，帶來價值的活動、過程和體系。

## 市場行銷中的 4P 是什麼？

現今，我們指的4P通常是產品（Product）、價格（Price）、通路（Place）和推廣（Promotion）。市場行銷活動再怎麼變化，總能在這4個關鍵字中找到合適的對照，甚至還延伸出4R、4S、4C等理論。

企業根據市場需求創造產品，以產品的內在價值和供需關係，尋找合理的價格區間，藉由推廣、宣傳使客戶了解產品資訊，最後利用通路將產品分銷或直接銷售給顧客。這就

是市場行銷策略的基礎。

##  4P 各自代表的意義

市場行銷活動中，企業往往處於被動地位，企業生產什麼、賺取多少利潤、最大的銷售數量等，都是由市場與客戶決定，企業可控的部分不多。

然而，為數不多的可控部分正是企業與企業之間形成巨大差異的地方，這些部分便是4P。以下將詳細介紹4P各自代表的意義。

### 1. 產品（Product）

產品是企業對外輸出的基礎。產品的價值不取決於企業成本，而是產品能夠滿足顧客的何種需求和滿足程度。舉例來說，化妝品的成本普遍低廉，卻因為可以滿足特定需求，其價值遠遠高於成本。

其他3P中的價格、通路、推廣圍繞著產品進行，而產品價值由市場賦予，但產品的生產由企業操作，企業可以透過生產，為產品增加價值或減少成本。

如果企業脫離產品的實際價值，進行另外3P的活動越順利，走上絕路的速度越快。一時炒作帶來的經濟效益，最終需要企業加倍償還。

## 2. 價格（Price）

顧客願意為購買產品付出的代價就是價格，一般表現形式為貨幣。在沒有外來因素干預的市場中，價格不是由企業說了算，而是由市場本身的供需關係及顧客的購買意願決定，即使某項產品供需不平衡，一時價格過高，之後自然會有其他企業參與競爭，價格最終會回到購買者的意願上。

顧客的意願則取決於產品本身的價值（價值不等於成本）。但顧客不是某一個人，而是一群人。在這群人當中，有的意願強烈，有的意願薄弱，使價格出現區間。這個區間就是企業可操作的部分，例如動態定價是現在最常見的價格操作。

這種價格策略是企業研究市場和客戶的消費後，根據不同供需關係的變化時間點，而設置不同的銷售價格，其中打折活動最常見。

## 3. 通路（Place）

產品是怎麼交到顧客手中？

通路是企業與顧客之間的流通途徑。產品從企業流向顧客，顧客為了購買而付出的代價則流向企業。企業選擇什麼通路銷售產品，主要是考量市場消費的習慣，能夠最大限度提高商品流通率是唯一的選擇標準。

舉例來說，近幾年流行的母嬰通路，專門針對某個消費族群，大幅提高產品的成交率及流通率。因此，企業對於通

| 圖表5-2 | 市場行銷中的 4P |

路的選擇，直接決定著獲取利潤的速度。

## 4. 推廣（Promotion）

擴大產品的影響力，以達到提高利潤或流通量的活動就是推廣。推廣的內容未必全是產品資訊，其中也包含企業資訊，一個良好的企業形象本身也會替產品增加價值，例如：

同樣一台冰箱，某廠商的售價是5萬元，而知名廠商的售價是10萬元，多出來的5萬元便是企業替產品增加的價值。

隨著時代發展，推廣已不再停留在產品本身，而是將重點轉移到產品群上，也就是「品牌」。品牌可說是企業對產品品質、服務、特色的承諾，顧客對這種承諾的信任程度越高，品牌越有價值，而品牌的價值又會附加到產品上。

舉例來說，大家耳熟能詳的高級品牌，無論產品的材質還是成本，都未必高於同功能產品的十倍以上，但價格卻是同功能產品的百倍甚至更高，這就是品牌價值附加的結果。

---

### ┤ 經營管理小課堂 ├

4P是一個行銷管理工具，其行銷策略和手法突出，讓企業了解在行銷活動中應該「怎麼做才能得到什麼」，或是應該「更注意做什麼才不會失去什麼」的邏輯思維。

在實際操作中，企業經營離不開4P的涵蓋範圍，因此出現問題時，應盡量在4P模型中確認問題。

## 5-3

# 【蒐集需求】透過 2 個步驟，確實掌握顧客到底要什麼

外食的人多了，就有了餐館；看書的人多了，就有了出版社。想想看，企業為何要提供產品和服務？答案是客戶有需求。正是各式各樣的需求促使市場發展。企業無論做什麼、準備做什麼，都必須優先考慮顧客需求。滿足顧客需求才是企業存在的根本。

 ## 顧客需求是什麼？

需求是對某項事物的欲望，欲望越強烈，需求越高，這樣顧客與企業達成交易的可能性就越高。企業無論是提供實際產品還是服務，本質都是幫助顧客滿足需求，越能滿足需求就越能吸引客戶。

舉例來說，當某人非常飢餓時，路過一家餐廳聞到撲鼻而來的香味，便會入店消費。但某人即使肚子不餓，發現這家餐廳剛好符合他的喜好，且價格合理，仍可能走進店裡。

顧客對於需求的要求程度，會隨著欲望的提高而降低，反之亦然。當供給明顯小於需求時，客戶對於需求的要求程度會直線下降。舉例來說，在饑荒時期，米糧即使品質不佳，照樣會被搶購一空。

同樣地，當需求明顯小於供給時，客戶對於需求的要求程度也會越來越嚴格。例如在成熟市場中，客戶選購產品優先考量的是品質、性價比、技術等方面的需求。

顧客的需要可以理解為他的底線，滿足需要很簡單，但是滿足需求困難得多。當人極度缺乏糧食時，只要能填飽肚子，自然不會抱怨，但日常生活物質充裕的人在選擇餐飲時，就會提出許多要求。

需求是人們在需要的前提下，從多個選項中篩選出最優選項的具體表現。影響顧客需求的因素很多也很複雜，欲望、環境、市場、生產水準、時代發展等，都會對顧客需求產生影響。

##  採集顧客需求的 2 步驟

既然產品與服務取決於顧客需求，企業想要獲得成功，就必須盡力了解顧客需求，而閉門造車終將被淘汰出局。以下介紹採集顧客需求的2個步驟：

## 第 1 步：將客戶分層

同類型產品的服務不同，客戶願意付出的代價也不同。消費層次決定不同消費族群購買相同產品時的需求差異。

以下仍以飲食為例。普通收入的消費者買米通常只對性價比、基本品質等有要求，收入較高的消費者可能會對產地、種植情況、是否有機等有所要求，反而對性價比要求不高。

企業要區分不同客群，掌握他們的共同需求，並且收集各層次的額外需求。

## 第 2 步：用 4 種方法採集需求

這裡簡單列出4種採集顧客需求的方法：

**1. 客戶訪談**：這是最直接的方法，指產品負責人直接與客戶進行產品交流，了解客戶的要求。不過要提前列好問題大綱及交流順序，否則可能徒勞無功。

**2. 問卷調查**：這項方法對設計問卷的要求很高，考驗你的問卷內容有沒有問到關鍵點？會不會誤導客戶？問題能否清楚表達企業的真實意圖？這些都影響問卷調查能否成功。

**3. 試用品（測試品）**：企業前期製作一批樣品，分發給客戶體驗，經過一段時間後，由客戶回饋使用感受。

**4. 顧客投訴**：企業不要只看到顧客投訴帶來的不良後果，應該主動在投訴中尋找問題所在。

**圖表5-3** 採集顧客需求只需 2 個步驟

### 1. 將客戶分層

### 2. 採集顧客需求的方法

以上是最常見的4種方法，都存在一個問題，就是容易出現樣本偏差或過少的情況。隨著時代的發展，大數據逐漸登上舞台，目前來說，大數據分析是樣本來源最廣、真實性最強的分析方法。

 ## 我該採集哪些資訊？

凡是可以影響客戶對企業與產品滿意度的因素，都需要採集。企業不僅要從產品方面下手，還要了解自己與顧客的接觸流程是否能滿足顧客，甚至連競爭對手的動向也在採集範圍內，因為別的企業若能提供讓你的顧客更滿意的產品與服務，就意味著你的企業已經落後別人。

---

┨ 經營管理小課堂 ┠

企業是因應需求而生，生產的產品必須滿足顧客需求。因此，研發產品的方向要朝著顧客需求做改變或調整。

---

## 5-4

# 【定價】什麼價格賺最多？
# 根據 5 個原則和 3 個方法

產品價格直接關係到企業的收益。設定怎樣的價格最合理，是一個恆久的話題。設定價格的方法很多，不少行銷書籍都有介紹，其實沒有必要深入了解每一種方法，只要了解基本原則和規律，並根據企業情況制訂適合的方法即可。

 依據 5 個條件，設定產品價格

### 1. 成本

產品販售的價格通常要高於成本，低於或等於成本只有 2 種前提下可以發生：一是為了快速搶下市占率，二是為了處理滯銷品。

舉例來說，叫車 APP 剛上市時，企業透過補貼的形式搶奪用戶資源，不僅沒賺錢反而還賠錢。再舉個例子，超市架上的即期品往往低於正常價格，甚至是成本費用。

## 2. 市場變動

有些產品銷量隨著季節明顯變化，我們發現越靠近銷售旺季，價格越低。這主要是為了在旺季大幅提高銷量，藉此提高總收益。

舉例來說，中秋節前後的月餅價格最低，其他時間想要購買月餅，會花費更高的價格。

## 3. 高價法

一件新產品剛上市時，會將價格設定較高，特別是技術水準高或流行趨勢的產品，如此一來可以在模仿者出現前，快速獲取利潤。

舉例來說，知名手機品牌的新品價格一般都比較高，但隨著時間推移，會慢慢調整到合理的價位。

## 4. 優惠

這其實是為同一種產品設定2個或以上的價格，目的是針對不同客群運用更合適的成交價格。打折、優惠券是最常見的方式，主要用於直接降價會降低其外在價值的產品。

舉例來說，打折的過季或零碼衣服、各類速食店的優惠券等。對於不少商品來說，優惠只是意味著之前顧客買貴了，降價則代表它本身不值這個價格。

### 5. 顧客認定價格

　　人們在消費之前，會基於觀念和對產品的認知，自動估算出一個合理價格。所以，定價高於目標客群認定的價格，容易導致銷售不佳，但過低會使顧客質疑產品品質。

　　例如：西瓜一斤10元時，顧客花50元買一杯西瓜汁會覺得很正常，但是一斤50元時，同樣花50元買一杯西瓜汁，就會下意識認為店家有加水稀釋。

##  3 個方法設定價格，讓顧客買單、你也賺飽

### 1. 價格高於成本

　　將價格設定為高於成本，且保證能獲得一定利潤。

### 2. 研究銷量與價格關係

　　尋找顧客可接受的價格區間，以及價格區間內銷量與價格的關係。例如：將顧客願意支付的最高價格設為10，最低價格設為1，銷量最高設為10、最低設為1。在理論上，肯定是價格10配銷量10的收益最大。但是，前文講過價格與銷量的關係，提高價格會降低銷量，有時價格10對應銷量1，因此要在價格與銷量之間尋找利益最高的平衡點。

　　不少人認為，價格5、銷量5、收益25是最高，這個5似乎就是平衡點。其實這是有問題的。這裡的平衡點是利潤最高而非收益最大。價格3、銷量8，利潤只比價格5降低1，但

**圖表5-4　3 個設定價格的方法**

### 1. 價格高於成本

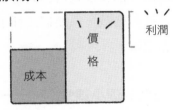

### 2. 研究銷量與價格關係

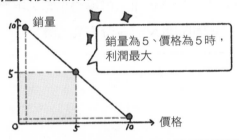

> 銷量為 5、價格為 5 時，利潤最大

### 3. 研究競爭對手設定價格的特點

你　　同行

是銷量整整提高60％，你多賣出的60％正是競爭對手少賣出的部分，久而久之在市場占有率上將競爭對手越拉越遠，保證利潤與銷量都接近最高，才是利益最高的平衡點。

## 3. 研究競爭對手設定價格的特點

隨時更新資訊，因為同行可能也會採用價格3、銷量8，來跟你拉開距離。這時候，你要找到自己與對手在產品或服務上的差異，沒有必要打價格戰，只要把這種差異展現給顧客，就可以為產品增加價值。

┤ 經營管理小課堂 ├

設定價格要參考許多資訊，例如：成本、顧客意願、競爭對手、行業資訊、市場變化等，不要只盯著企業利潤，有時利潤低反而會帶來高報酬。

## 5-5

# 【經營策略】從成本、差異化與專一性，強化競爭力

> PDCA循環是由美國管理學家戴明（William Edwards Deming）提出，其含意是計畫（Plan）、執行（Do）、檢查（Check）、行動（Act）。這個管理方法告訴我們，做任何事情時，計畫總是排在第一位。

計畫為具體實施提供指導，更為實施過程和結果的偏差找到問題所在。企業的計畫是什麼？答案是經營策略。

## 什麼是經營策略？

曾有人問我，企業提出3年內上市、5年內成為業界龍頭、10年內成為世界500強、15年內壟斷市場等，稱得上經營策略嗎？我認為稱不上，在不討論是否自吹自擂的情況下，這只能算是願景，連目標都稱不上。

經營策略是指為企業應對變化與競爭，幫助企業存續與

發展的全面性規劃。經營策略突顯規劃的特點，這是將某種思路變成計畫和具體行為的過程。

經營策略突顯未來性、全面性、長期性，不僅為經營提出思路方向，更要掌握各個層面。一份合理的經營策略應具備以下邏輯：規劃策略目標和重點、如何達成策略目標、怎麼應對達成過程中出現的問題和變化，以及偏離重點時的糾正措施、結果分析及處理。

經營策略指導企業做什麼、怎樣做、如何做到最好，以及應對其他因素的方法和具體思維。因此，只提出某個想法或方向，並不是經營策略。

##  經營策略應包含競爭與成長

### 競爭策略

競爭分為4個層次，分別為形式競爭、品類競爭、屬類競爭及預算競爭。從品牌、產品到功能性，甚至連消費份額都存在競爭。企業的競爭主要展現在以下3個方面。

**1. 成本：**藉由降低成本來調整價格，保持競爭優勢。管理方面需要嚴格控制成本，在不影響品質的前提下，降低一切可減少的成本。在與對手競爭時，由於成本比對手低，讓他們無利可圖，但自身企業依然可以維持一定利潤，例如：連鎖超市巨頭透過價格輾壓，保證自身地位。

**2. 差異化：**建立與同行業不同的產品、服務或行銷體

| 圖表5-5 | 如何提高企業競爭力？ |

## 1. 利用價格保持競爭優勢

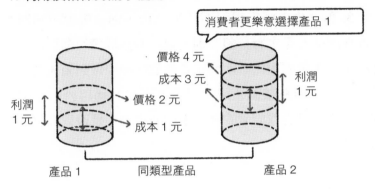

## 2. 利用差異化保持競爭優勢

## 3. 利用產品專一性保持競爭優勢

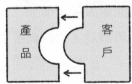

系，使企業的輸出物具備獨特賣點或體驗。例如：蘋果手機系列產品雖然在市場上處於領先地位，但硬體方面沒有絕對優勢，而是軟體系統獨一無二，才能獲得消費者青睞。

**3. 專一化**：將市場與客戶細分後，你會發現不同群體對同件產品的需求有具體區別，只攻取某群體的細分市場，在小市場中做到領先，顯然比在整個行業中做到領先還要容易。提高企業在某個領域的競爭力，尤其適用於中小型企業，大家可以看看周遭的優質中小型企業，是否只專攻某個領域？

## 成長策略

企業的良性發展必然會提升企業規模，而規模擴大使企業資本更加雄厚，新增資本又進一步投入經營，幫助企業再次發展。

任何一家企業只有2種選擇：倒閉或發展，不存在維持原狀的情況。成長策略能夠幫助企業謀劃發展的思路，一般包含以下內容：

● **技術**：提高原有產品技術功能或服務水準。

● **行銷**：提高生產規模擴大銷售數量，搶占更多顧客資源。

● **產業鏈**：向上下游產業發展，一方面可以降低生產和銷售成本，一方面擴大資產規模，不過這裡所說的發展主要是指相關產業的延伸，盡量不要跨行業。

┤ 經營管理小課堂 ├

　　經營策略的最終目的是讓企業發展壯大，做到更好。因此，它不能僅僅停留在表面，更應該多多考慮未來變化，提前做好準備。

　　企業檢驗經營策略是否合理有2個方法，一是制訂時是否充分考慮自身情況，二是實施後能否幫助自身增長。

## 5-6

# 【制訂策略】決策過程有 5 個階段，從成立小組到分析結果

> 做決定是件讓人頭疼的事，小到日常消費，大到國家法規。當決策者面臨選擇時，怎麼做才能保證最佳結果？實踐證明，想要結果不出現偏差，必須具備2個條件：決策者的專業、過程是否思慮全面。那麼，該如何制訂可指導企業的經營策略？

## 經營策略注重參與者的專業

各個成熟的大型企業都有經營企劃部門，它在不同企業中的權責範圍略有不同，但一般來說，主要功用是負責企業經營策劃。從產品到品牌、專案到銷售、文化建設到宣傳，經營企劃部門都參與其中。

打開幾家企業的招聘頁面，我們可以看到經營企劃部門的招募條件，普遍包含圖表5-6所示的4點：

看到這裡你是不是有些疑惑？大部分的招募都要求學歷

| 圖表5-6 | 經營企劃部門的招募條件 |
| --- | --- |

> 1. 具備經營企劃相關專業知識，熟悉經營企劃的策略和管理。
> 2. 具備商業意識，有組織經驗，精通資料調查、研究及分析。
> 3. 具備資源整合、多方溝通協調的能力，以及策劃方案、媒體公關及統計分析能力。
> 4. 有5年以上工作經驗，熟悉企業各部門運作和商業活動原理。

或專業，為何經營企劃部門不需要？原因很簡單，除了專業技術類的職位之外，企業管理和決策工作的用人考量主要不是學歷或專業，而是你能不能做。

某大型跨國企業招聘管理培訓幹部時，無論你的學歷如何（當然有學歷限制，在無工作經驗時學歷是敲門磚），進入公司後都必須去各個部門輪流擔任基礎職位，只有當你在生產、開發、銷售、管道、財務、綜合管理等所有方面達標，才能晉升到管理職位。

然而，在聘請高階管理職的面試，沒人會問你的學歷，以及你之前工作中的具體事情（這是忌諱，會考量你曾參與專案的企業，絕不會問具體細節），而是通常會拿一些案例和你討論，以了解你的抗壓能力和實際操作經驗。

對於一家成熟的企業來說，經營企劃人員的素質是有能

力從事企業管理和決策工作，而你得精通企業營運，才稱得上有這個能力，假如你是所處行業的專家自然會更好。

由上述內容可知，企業經營策略不是隨意決定的，參與者的專業程度對經營策略至關重要。

 ## 企業決定經營策略的過程

中小型企業受限於規模、人員、預算等原因，很難單獨設立經營企劃部門，即使強行設立也會似是而非。所以，很多中小型企業在決定經營策略時，通常由企業掌舵人獨自判斷，或者再拉一、兩個親信一起討論，甚至壓根沒有明確的經營策略。

制訂策略需要多層次採集相關資訊，僅憑一、兩個人能做到不遺漏嗎？他們一定具備這樣的能力嗎？大企業凝聚一個部門的精英才完成的事，這一、兩個人做得到嗎？我們回到前文看看經營企劃部門的招募條件，可以發現一個問題：專業程度主要展現在資訊處理和組織管理能力上。這決定了經營策略的孕育過程需要更多人參與。

回歸到最本質問題，大多數的中小型企業（非營業策劃類企業）不可能單獨成立經營企劃部門，因此運用普通員工完成這類工作。這些員工在不同職位任職，參與企業所有經營活動，每個人在企業經營的某個部分有自己的專業。

以下是決定經營策略的過程（見圖表5-7）。

> **圖表5-7** 中小型企業決定經營策略的過程

公司決定經營策略的過程

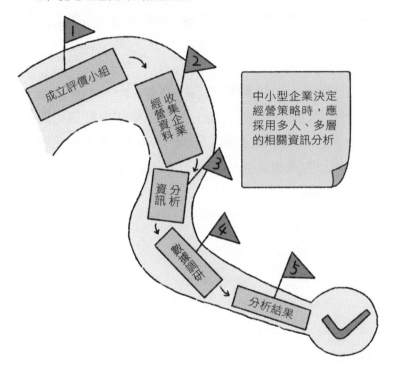

1. 從每個部門中選取若干人員成立小組，人員數量視企業規模而定。挑選人員時，可以要求所有員工每人寫一份給公司的建議報告，從中找出有能力的人。

2. 以這個小組為單位，不同部門的人負責採集企業經營過程中的不同資訊。

3. 由管理者組織小組，進行資訊分析、研究及調查。

4. 根據分析調查與研究結果，小組共同探討並決定企業經營策略。這樣的決定方式不僅確保資訊來源的全面性，還可以使經營策略的決定更高效，同時不會增加額外的人力成本。

| 經營管理小課堂 |

決定經營策略的過程，就是採集和處理資訊的過程。只有全面了解企業、市場、客戶、未來變化的資訊，再以專業程度進行處理，才能決定最適合企業發展的經營策略。

## 5-7

# 【策略風險】多角化經營令人羨慕，但其實問題很多

多角化經營似乎成為大企業的標誌。一個有能力進行跨產品、跨行業、跨市場的企業，總是讓人羨慕，但是多角化經營的背後存在多少問題？本節將講解，多角化經營的成功案例少之又少的原因。

## 什麼是多角化經營策略？

企業發展多品種、多業務或多種經營的長期計畫，就是多角化經營策略，主要分為同心多角化、水平多角化、垂直多角化、整體多角化4種策略。

### 同心多角化

同心顧名思義是生產技術、新增產品及原產品之間，存在技術共通性。例如：原先生產汽車的工廠利用自身技術生

產坦克，斐迪南坦克殲擊車就是由大名鼎鼎的保時捷公司生產。

## 水平多角化

水平多角化是指，在客群或市場仍維持現狀的情況下，生產具備新用途的產品，賣給相同市場的相同客戶。這要求新產品與原產品之間存在密切的銷售關係。

舉例來說，建築工程需要建築材料和工程機械，一家生產建築材料的企業，本身是將建築材料賣給建築公司，後來增加新業務，打算生產工程機械，而且仍然將產品賣給建築公司。

## 垂直多角化

垂直表現在上下游產業鏈的連續性上，原產品與新產品雖然基本用途不同，但它們之間存在產品加工或生產流通的關連性。例如：火力發電廠開礦採煤，木材加工企業投資建立家具製作工廠等。

## 整體多角化

企業新增的業務與原業務的產品、技術、市場無關，就是整體多角化。例如：食品企業不僅投資養豬場，還開發經營房地產等。

圖表5-8　什麼是多角化經營策略？

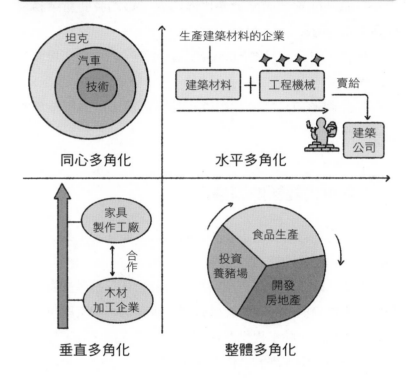

多角化經營主要是企業應對市場變化的主動選擇。原因通常為以下6點：

1. 技術創新開拓出新產品市場，逐利性促使企業加入新市場。

2. 原行業飽和，獲利降低，企業為謀求生存而轉行。

3. 發展原材料、深加工或經銷通路等企業上下游產

業，降低生產銷售成本，擴大生產規模。

4. 企業閒置或剩餘資產比率過大，透過發展新業務來提高資產利用。

5. 涉足可分散風險的2個或以上行業，減少在市場波動時的損失。

6. 品牌形象良好，利用既有品牌資源，發展原業務的周邊業務。

##  多角化經營的弊端

多角化經營的弊端不在於策略本身，而在於企業是否具備駕馭多元經營的能力。

大部分成功企業都有相同特點：母公司只扮演投資者的角色，不會參與子公司的經營管理，專業的事情交給專業的人或團隊去做，除了提供財務連繫與相應支援之外，母公司像是子公司一個安靜的合作夥伴。

失敗的企業則多種多樣，多角化經營的本質在於降低或分散風險，但是一家不具備相應能力的企業參與多角化經營，只會使風險倍增。

首先，多角化經營需要大量多餘資產，無論是直接收購其他行業的相關企業，還是自主建設一家新企業，都需要雄厚的資金。這些公司的重大決策都存在一定風險，假如新投資失敗，會直接牽連原企業的經營。

　　其次是管理問題，特別是跨技術、跨市場經營。原企業的管理團隊對於新行業、新產品沒有足夠的管理經驗，如果直接從原企業大量調派入駐，結果往往很糟糕，礦泉水品牌「恆大冰泉」是近幾年的典型代表。

　　最後是投機性，這點在資本市場不成熟的國家尤其明顯。多角化經營的根源應該是企業投資，但很多時候，這種策略變成一種投機行為。

　　不少企業出於對市場的樂觀態度，冒險籌措資金進入自己沒有深入研究，甚至完全不了解的行業，這點在房地產市場表現得最明顯。近年來，很多投資地產的企業主要事完全與地產行業沒有關連，卻依然頂著風險進入市場，最終賠得血本無歸。

┤ **經營管理小課堂** ├

　　若你在學素描，已經畫得很好，而且有時間、有精力，你可以去學油畫，因為你有良好的基礎。就怕不具備基本條件，卻硬著頭皮去學較難的技術。

　　中小型企業不適合多角化經營，其實很多大企業也是如此。企業應該先做好專業經營，準確找到企業定位，並積蓄力量後，再進入下一步。

# 6 個中小企業實戰案例，讓你的經營功力倍增

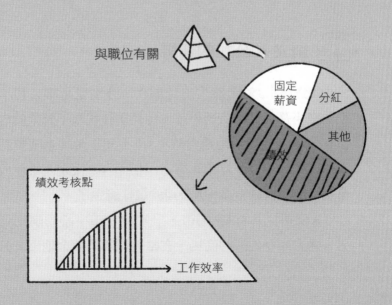

## 6-1

# 【速食】合夥開店遭遇知名品牌競爭，引爆一連串問題

肯德基和麥當勞在世界各地取得成功後，模仿者應時而生，速食餐廳隨處可見，有人獨自創業開小店，有人合夥經營連鎖門市，可謂五花八門。以下將介紹一家速食連鎖企業的案例。

## 創立 A 公司的契機

A公司由3位合夥人出資創立，分別是建築公司小劉、家具廠小孫與裝修公司小王。他們居住在較不繁榮的地區，當其他地方已經遍地速食時，3位不同年齡的老闆嗅到一絲商機，機緣巧合下互相認識、一拍即合，決定在當地成立一家速食連鎖餐飲企業。A公司就這樣誕生了。

A公司一共有3家門市，一家開在市中心的購物廣場，另外兩家開在周圍的商場，在當地都算是黃金地段，裝修結

構、布置風格、人員配備、餐點設計、功能面積等，一律參照肯德基。

3家餐廳名義上為同一家公司，實際上是三位老闆分別擁有，除了名稱之外幾乎沒有連繫，連採購、服務、衛生等方面的標準也不同。

為了好好經營自己的店，他們各自找來得力助手擔任店長。三位新店長也互相競爭，都希望自家店面的營業額能夠得第一，畢竟都想博得老闆的好印象。為了達到目的，他們互相詆毀、散布謠言已是家常便飯。

初始2、3年，A公司經營狀況良好，市中心店的日營業額平均30萬元，周圍商場2家店的日營業額平均15萬元左右，由於速食的利潤極高，三位老闆幾乎不需要操心，只要每月按時分配利潤即可。

 ## 悄悄來臨的危機

不知從何時開始，當地速食店忽然越開越多，不僅有當地模仿者，也有外來品牌。

原本A公司的優勢是餐廳附近沒有競爭者，而且A公司起步較早，有一批忠實顧客，即使營業額受到衝擊，問題也不大，所以3位老闆依然沒有察覺危機即將到來。

直到肯德基和麥當勞在當地展店後，這一切終究被徹底打破，A公司餐廳的營業情況一日不如一日，有時候一個星

期的營業額甚至沒有之前一天的多。

　　3位老闆互相指責的頻率越來越高，經常責怪對方的店毀了招牌。2年後情況每況愈下，3家餐廳全部倒閉，A公司隨之煙消雲散。

**圖表6-1　　A 公司的危機**

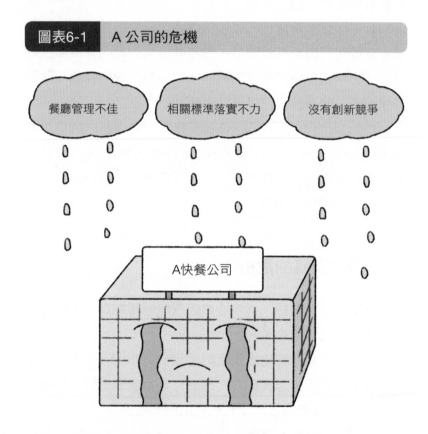

**分析造成 A 公司倒閉的原因**

**圖表6-2　A 公司的 4 個問題**

### 沒有相關經驗

　　三位老闆沒有連鎖餐廳的經營經驗,更應該加強管理且相互連繫,例如:共同採購、共同倉儲、共同財務等,以減少經營成本。

### 相關標準落實不力

　　執行標準在所有行業都是重中之重。餐飲業不重視標準,該如何培訓員工?如何考核餐廳日常工作行為?全憑員工的自身素質嗎?特別是對於複製性、標準性極強的西式速食來說,服務、衛生環境及餐點的品質都是執行標準。

### 未加強自身經營

　　A公司沒有利用已累積的顧客資源,來應對後來的競爭者。作為一家連鎖餐飲業,全部經營內容只是一昧模仿,在正牌產品出現後,只會被淘汰出局。他們應該利用外來競爭者出現的機會,推出新菜單,順勢調整價格,畢竟競爭者出現之前與之後的定價要有所區隔。

## 互相指責、推卸責任

> 當局面已經瀕臨崩潰，A公司應該展現一致性，畢竟三位合夥人是利害關係人，應該積極尋找解決辦法，而不是互相指責、推卸責任。

### 經營管理小課堂

歸根究柢，A公司倒閉的原因，是三位合夥人沒有具備連鎖餐廳的經營經驗，而且不能同心協力。最好的解決方式是他們只當投資人，不參與實際管理，應該找有相關經營經驗的專家執行日常經營管理。

## 6-2

# 【農化】雇用親戚擔任要職，
# 能力不足導致效率低落

> 家族企業一般是由家族成員共同創立，或是家族某一成員成立企業後，其他成員再加入。家族企業的特點，不單純是有家族成員在企業內部擔任要職，或是企業以某家族命名，而是看企業所有權是否在某一家族手中。以下將介紹一個家族企業的案例。

## 乘風破浪的 B 企業

B企業從事農產品生產，創立於1990年代初期，正好搭上經濟迅速發展的順風車，從一家只有五、六個人的小工廠，擴展到擁有200多名員工的中型企業。

B企業的創辦人老李，原本是農科院的技術人員。企業規模還小時，老李尚可應付，但是轉眼間廠房越建越大，工人數量越來越多，他開始感到力不從心。

恰逢此時，老李妻子的工作單位裁員，李太太到B企業

擔任財務工作，她順便介紹待業在家的弟弟小王，進企業負責銷售工作。老李的弟弟小李覺得哥哥偏心，也說服老李讓他進入B企業負責生產工作。

從創立到2000年初期，是B企業發展最快的黃金期。當時國內企業少，閒置勞動力多。企業少意味著產品的供給小於需求，只要能生產出來就一定賣得出去，無須考慮品質、生產標準等問題。而且，閒置勞動力多，企業不用擔心沒有員工，生產型企業隨時可以招募到工人。

 B 企業的現狀

2009年，B企業的好時光似乎已經結束。

農產品屬於低門檻行業，對資金與技術的要求都不高。經過時間歷練成長起來的大品牌、大廠商比比皆是，甚至像老李當年那樣的小工廠也多如牛毛。這時，B企業開始面對嚴重的競爭問題。

與大廠商相比，B企業不具備技術優勢，無論是配方還是生產線，依然保持1990年代末期的樣子。小廠商相比也沒有價格優勢。

最嚴重的問題來自家族內部。B企業由於沒有生產操作和品質的標準，生產管理一團糟，經常出現各式各樣的問題，客戶退貨成了家常便飯。再加上缺乏人力資源管理，很難留住員工。

**圖表6-3　B 家族企業的問題**

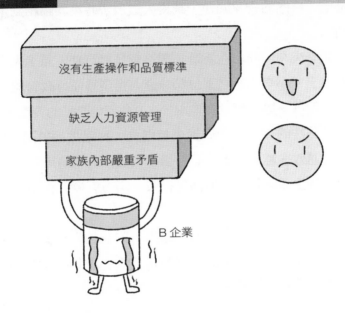

此時已不像2000年初期，需要體力活的工廠越來越難招到員工，各地企業面臨無人可用的狀態。B企業在產業旺季時，不得不高價尋找臨時工，但仍然經常人手不足，大幅影響生產效率。

小李與小王的關係不算融洽，特別是經常出現接單後無法及時完成生產，或是產品出貨後，被客戶退回的情況，讓兩人的關係變得更加矛盾。

面對客戶的質疑，小王乾脆教唆銷售人員，要他們在向客戶解釋時，將責任推卸到生產部門。沒辦法按時出貨是生

產部門的錯，沒辦法保證品質也是生產部門的錯，有時候明明是協力廠商的物流問題，銷售人員也會將錯誤歸結到生產部門。

老李夾在中間左右為難，卻沒有具體行動，而李太太則偏袒小王。小李一氣之下拉妹妹進入企業擔任行政管理，希望自己獲得支持，畢竟在他眼裡，B企業是李家的資產。

李妹妹的加入使矛盾越來越嚴重，經過幾番爭鬥，B企業的營運效率越來越低。有時候，很簡單的事情或制度，只要牽扯到生產、銷售、財務、行政，兩方就會互相賴皮，不斷拖延。

後來，B企業的客戶越來越少，收益越來越低，但是B企業的家族管理者們依然互相推卸責任，打從心底認為這一切惡果全是對方的錯。

 ## 剖析 B 企業的問題

**圖表6-4** B 企業的 5 個問題

### 要職都由家族成員擔任

> B企業全部的要職都由家族成員擔任，事實證明這些成員不具備相應的能力，應及早換人。

## 缺乏生產操作與品質標準

　　傳統生產行業缺乏生產操作和品質的標準，不僅會對產品品質造成問題，更會因為無章可循，而無法快速培養新員工。

## 缺乏人力資源管理

　　管理的缺失導致企業需要用人時無人可用，沒有核心員工為其保持競爭力。

## 企業內部缺乏責任感

　　B企業內部無理取鬧的現象是致命點，一家企業走向衰弱的標誌，就是辦事效率低下，無法產生變革。

## 無法做到公私分明

　　一切的罪魁禍首還是老李。他身為企業主，應該公私分明，如果無法做到，最好不要讓親屬參與經營。

---

### ┤ 經營管理小課堂 ├

　　經營家族企業，應展現家族成員的積極性。假如家族成員成為企業累贅，必須及早做出人事調整。畢竟經營者應優先考量企業利益。

## 6-3

# 【裝修】忽略員工在意的需求，導致資深與優秀人才流失

大批產業蓬勃發展，推動經濟快速增長。裝修設計業便是其中之一。在店鋪、住宅、辦公大樓開發建設完工後，即使裝修精闢，格式化的風格未必能讓業主滿意，因此裝修設計業隨著房地產業一起蓬勃發展。以下介紹一家裝修設計公司的案例。

## 應時而生的 C 公司

C公司成立時間大約4年，老闆小張早年從事銷售工作，人過中年累積了一筆存款，決定出來創業。雖然正好趕上房地產市場熱潮，但資金肯定不夠開發樓房，所以決定進入裝修設計業。

C公司成立的時間正好趕上時局，創業初期生意大好，這得利於小張多年銷售工作培養出的市場嗅覺。

小張租下辦公大樓中的一層，聘用設計師和銷售人員等

30多位。小張每天看著部屬忙忙碌碌，自豪感油然而生，他決定做點什麼。

於是小張有了新的愛好——開會。公司5點半下班，他特別喜歡在下班前10分鐘，把大家聚集到會議室。這樣既可以讓大家聽自己說話，還不會占用工作時間。

小張喜歡在所有員工面前，述說自己如何創業成功。他想激勵大家把C公司當成自己的家，一邊說著自己的奮鬥史，一邊向員工保證完成某項專案後會發放獎金、公司幾年內一定會上市、以後一定會給大家這個那個。

小張的口頭語是「奉獻」，他經常說員工要為公司奉獻，員工是公司的創業夥伴，公司一定不會虧待。不過，這樣還是無法滿足小張，於是他乾脆在公司各個工作群中，分享各種勵志文章，不僅要員工閱讀，還要他們寫讀後感想。

 ## 新員工提出建議，卻遭到冷漠

某天，小張的美好生活被新員工小劉打破。有一次，小張安排員工參加某學院的提高執行力課程，小劉忍不住詢問：「公司有沒有員工培訓？為何要浪費錢參加這種無意義的課程？」小張聽了後很不高興，他認為參加這種課程正是培訓，很有意義。

過幾天，小劉問小張，為何薪資調整和職位升遷沒有明確制度。小張開始對小劉感到厭煩，覺得他平時沒有認真聽

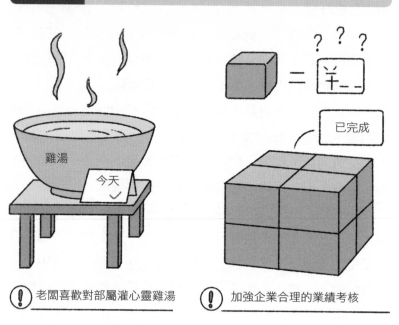

**圖表6-5　C 公司難以處理的問題**

雞湯

今天 ✓

已完成

(!) 老闆喜歡對部屬灌心靈雞湯　　(!) 加強企業合理的業績考核

自己說話，既然公司強調奉獻，他不應該要求加班費或薪資。

　　沒有得到滿意答案的小劉決定辭職，並在辭職信中提出意見。小張看完後很生氣，覺得自己遭到背叛，公司明明對員工這麼好，為何要辭職甚至指責公司？他認為年輕人太幼稚，小劉的意見要是真的有用，為什麼自己是老闆，而小劉只能替人工作？

　　因此，小張決定讓其他員工引以為戒，於是把辭職信攤

開給所有員工看，希望能引起共鳴，沒想到大家只是沉默。

後來市場逐漸趨於平淡，C公司的業績大不如前。許多資深員工辭職，問題大多都集中在調整薪資和日常工作上，但是小張依然覺得他們是背叛者，寧可花更多錢招聘新員工，也不願意留住資深員工。

##  剖析 C 公司員工大量離職的原因

**圖表6-6　C 公司的 3 個問題**

**被個人思路影響**

企業主的個人風格容易影響其經營風格，在實際操作中應該確認經營管理的重點，而不是被個人思路影響。

**無法滿足員工的基本訴求**

合理的績效系統是員工安心工作的根基。員工最關心薪資、休假、升遷。這3項分別代表基本訴求、生活訴求及個人職業生涯規劃。假如公司不能滿足，必然會引起員工的不滿。

**未維護員工與公司的關係**

處理員工與公司的關係，是很多管理者必須面對的問題。在員工與公司之間，管理者要能大度容人，強詞奪理不僅無法挽回公司顏面，還會使員工寒心。

┤ 經營管理小課堂 ├

　中小型企業主經常犯下和小張相同的錯誤。企業最重要的資源是人，若不願意替資深員工加薪，反而花高價雇用新人，往往會得不償失。畢竟資深員工才是企業競爭力的根本。

## 6-4

## 【餐飲】善於調整定位、菜單、流程……，成功擄獲饕客

中餐文化紅遍全世界，無論在哪個國家都能發現中式餐館的身影。本節將以一家美國連鎖中式餐廳「熊貓快餐（Panda Express）」為例，解說它如何從小店面變成大餐廳。

### 在異國經營中式料理的夫妻

「熊貓快餐」的老闆是夫妻，丈夫程正昌是數學博士，妻子蔣佩琪是電子工程學博士。1973年，他們開始經營「聚豐園」餐廳，1983年成立「熊貓快餐」，1997年連鎖店達到254家，2011年正式打入美國以外的市場，如今在全球有超過2000家連鎖餐廳，年收益超過39億美元。

名氣這麼大的連鎖企業，味道應該非常棒吧？熊貓快餐身為一家異國餐廳，很成功地入鄉隨俗，它的料理都是美國

當地人喜愛的口味，而不是原本的道地口味。

很多中國人在美國開中式餐廳，結果生意慘澹，究其原因主要是創業者總認為要正宗、道地才是好味道。其實恰恰相反，美國人的口味與中國人不同，中國人覺得好吃，美國人未必喜歡。如果不做任何改良，只保持原配方，最多是吸引華人光顧，卻放棄最大的客群——當地美國人。

熊貓快餐在創業之初就制訂本土化策略，顧客定位非常準確，主要是美國人。

除了策略制訂與客群定位之外，熊貓快餐的招牌菜也是一大特色，例如：陳皮雞、宮保雞丁、上海安格斯牛排、北京牛肉等。熊貓快餐在供應招牌菜的同時，還經常更新菜單，以滿足顧客隨時改變口味的需求。

其實，仔細看看它的菜單會發現，本土化策略確實深入每個細節。除了宮保雞丁之外，其他的菜根本是為了迎合美國人口味所做的創新，即便是宮保雞丁，也跟傳統口味大相徑庭。一般來說，只有銷量高的品項才會一直保留，銷量低的很快就會被新創的餐點取代。

熊貓快餐成功解決中式餐廳的2大難題：上菜速度慢與口味不一。它採用西式速食的標準化操作流程，所有原材料都是由供應商預先加工後，配送至店內，調味料則事先按照標準計量放入調味桶，餐點的製作時間和流程嚴格按照標準執行。

值得一提的是，它還改良筷子，讓不會使用筷子的人也

**圖表6-7　　熊貓快餐成功的關鍵**

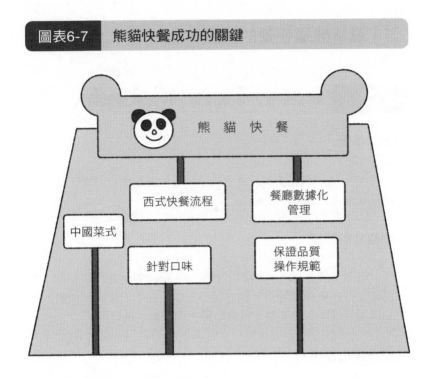

　　能方便使用。改良後的筷子是筷子與叉子的結合，掰開來是筷子，直接使用便是叉子。

　　兩位博士利用自身所學，將資訊化管理系統引入餐廳，系統不但提供點餐和資訊分享管道，還能數據化管理庫存、採購、資產管理、廚餘浪費等。

#  解析熊貓快餐的優點

**圖表6-8** 熊貓快餐的 3 個優點，讓餐廳越做越大

### 明確的策略

本土化是熊貓快餐的經營策略，不僅幫助定位客群，更在產品開發上提供明確方向。

### 找到成功的關鍵

餐飲業實行本土化策略不算新鮮，但絕對是成功的關鍵。例如：百勝餐飲集團旗下的各品牌餐廳，在不同國家和地區的菜單不盡相同，主要是考量當地最大消費族群的口味。

### 採用現代化管理

現代化管理最重要的2個特徵，展現在標準化與資訊化。標準化可以保證品質和操作規範，資訊化可以幫助企業減少管理成本。

---

┤ 經營管理小課堂 ├

幾乎每家大企業都是從中小型企業發展起來，成功的關鍵之一在於，最初制訂的經營策略是否正確。如果一開始就出錯，往後只會越錯越多，離成功越來越遠。

---

## 6-5

# 【化纖】整頓生產線且開發新產品，使產值提高數十倍

曾經有一家國營化纖廠，在強盛時期擁有七、八千位員工，在那個年代，成為紡織工是件很自豪的事。現在，工廠已倒閉多年，留下的痕跡似乎訴說著化纖業由勝轉衰的故事。夕陽產業就一定無所作為嗎？以下將介紹一個化纖企業的故事。

 ## 「沒有夕陽產業，只有夕陽企業」

「沒有夕陽產業，只有夕陽企業。」這句話的正確解讀是：任何行業都有飽和與沒落的時候，不是供應量過大、技術更新換代，就是時代變遷。行業本身無可改變，可以改變的是企業。

老石創建D企業時，化纖業風頭正盛。化纖的最大民生應用是衣物布料，D企業最初的主要事業方向也是生產衣物布料。任何故事都有轉折，D企業也不例外。

化纖業的衰退以迅雷不及掩耳之勢到來，化纖企業倒閉的倒閉，轉行的轉行，似乎所有人都在逃離，畢竟已經看不到希望。

有人曾勸過老石，不如趁手裡還有資本，轉向經營其他行業。老石是個有想法的人，他不認為化纖業真的完了，只是化纖的衣物布料市場已經飽和，如果能在化纖的其他用途下功夫，總會找到出路，與其轉入自己不熟悉的行業，不如堅持做好本業。

老石是技術員出身，對管理與市場操作沒有太多經驗。D企業規模小，老石梳理資產後做出2個決定：一是轉讓企業股權，高薪聘請經驗豐富的高階管理者；二是不再實際參與企業管理工作，招聘試驗員一起專心研發產品。

新來的高階管理者將D企業全盤推倒重建，從組織結構、人員管理、生產程序到制度設立，同時還引進ISO（International Organization for Standardization，國際標準組織）品質管理體系統，並在同年獲得ISO9001認證。

雖然最初不太順利，因為以前的工作習慣、薪資結構、生產操作流程、品質控管要求、管理者工作內容等全部被打破。不少人向老石提出意見，表示這樣整頓下去，企業肯定會完蛋，甚至有人開始造謠，想把新高階管理者趕走。

老石扛住壓力，堅定將一切進行下去，大家很快發現產品品質提升，工作效率提高，同時員工每個月實際領到的工資也提高，於是風波逐漸平息。

**圖表6-9** 企業應及時應對行業變化

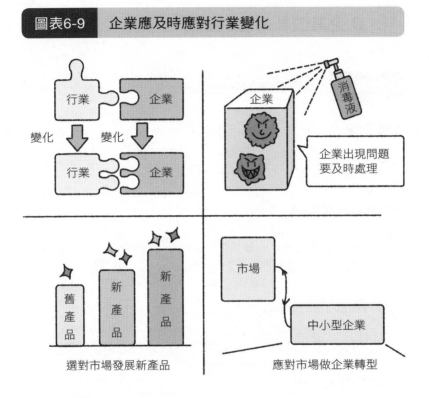

內部整頓完成後，老石推出2類新產品：醫療用化纖、簾子布（橡膠製品骨架）。在加強市場行銷的同時，大幅削減原本用於衣物布料的生產規模，只保留一條生產線為老客戶供貨。

8年過去，如今D企業舊貌換新顏，年產值增加數十倍。回首過去，老石感慨：「行業還是那個行業，企業卻早已脫胎換骨。」

#  D 企業改革成功的關鍵

**圖表6-10** 向 D 企業的 4 個優點學習

### 及時調整

市場產生變化時，企業應及時做出調整。

### 立即清除企業問題

企業主必須有壯士斷腕的精神，企業的病無論出現在哪裡，都要立即清理，不要受到個人情感或他人的影響。

### 縮減利潤低下的舊產品

落後的產能只會浪費企業資產，將企業拖入虧損深淵。選定市場發展新產品，縮減利潤低下的舊產品，才能有效提高資產利用率。

### 不依賴舊體系

中小型企業小而巧，需要學會為市場把脈，不要對舊體系產生過多依戀。當企業面臨重要轉折時，企業主如果感覺力不從心，不妨尋求外部協助，聘請專業人員是一條較好的途徑。

┤ **經營管理小課堂** ├

當企業面臨變化時，大部分的人會因為害怕固有習慣或利益分配方式被打破，而選擇站在反對的位置。

企業主必須認清企業未來的出路，而不是一昧妥協與懷疑。唯有堅持正確的思維，最終才能走向成功。中小型企業「船小好調頭」的特點，不是要企業隨意改變，而是結合自身優勢，選對方向面對市場挑戰。

## 6-6

# 【製藥】為貫徹程序 SOP，
# 讓績效考核只與工作效率有關

醫藥產業歷久不衰，畢竟有人就會有疾病，有疾病
就需要吃藥。眾所周知，新藥研發的經費高、週期長、
風險高。這3個因素決定了這不是小企業的遊戲，甚至
一些有實力的大企業也不太願意獨立研發新藥，因此學
名藥行業應運興起。

 SOP 成就 E 企業

醫藥產業的發展，展現國家的經濟發展水平；健康管理
需求的高低，反映人民生活水準的高低。人民的生活水準與
經濟水準息息相關，經濟水準的提高能帶動人民生活水準的
提高。

老林意識到醫藥產業的發展潛力，在十幾年前創建E企
業，主要從事學名藥、原料藥的研發。近年來，E企業的規
模逐漸擴大，員工數量越來越多，到目前為止已達到100多

人，其中相關技術人員保持在90人以上。

員工數量和規模的上升，將帶來一些新問題。E企業的員工主要是由畢業生、從其他公司跳槽的人組成，由於E企業的技術水準高，導致員工成熟週期緩慢。

由於每家公司的工作習慣不同，而學名藥行業中的中小型企業大部分沒有完善的操作標準，主要依靠經驗摸索，導致每個跳槽至E公司的員工，都有自己的工作習慣和方法。先不論這些習慣是否正確，光是應用於日常工作中就非常混亂。這不僅造成公司技術管理混亂、工作效率低下，更可能造成不必要的損失。

老林組織技術人員，總結之前完成專案的數據資料，為合成、製劑、分析單獨制訂SOP（Standard Operating Procedure，標準操作程序）範本，同時為這3個程序之間的交接制訂操作標準。

這麼做既可以為新員工培訓提供素材，又可以縮減員工的成熟週期，最重要的是能夠大幅提高效率，控制成本和品質。但是老林意識到，該怎麼實施這套標準？

好習慣在沒有外部動力的情況下，總會被壞習慣打敗，因為壞習慣更容易做到。工作也是如此，在沒有其他束縛的情況下，大家會按照以往的方式工作。老林決定大幅改變薪資結構，畢竟員工對薪資的關注度特別高，唯有薪資計算方式與工作方法產生連繫，新的方法才能實施。

首先，要打破固定薪資模式，將固定的基本薪資改成只

**圖表6-11** E 企業的 SOP 圖解

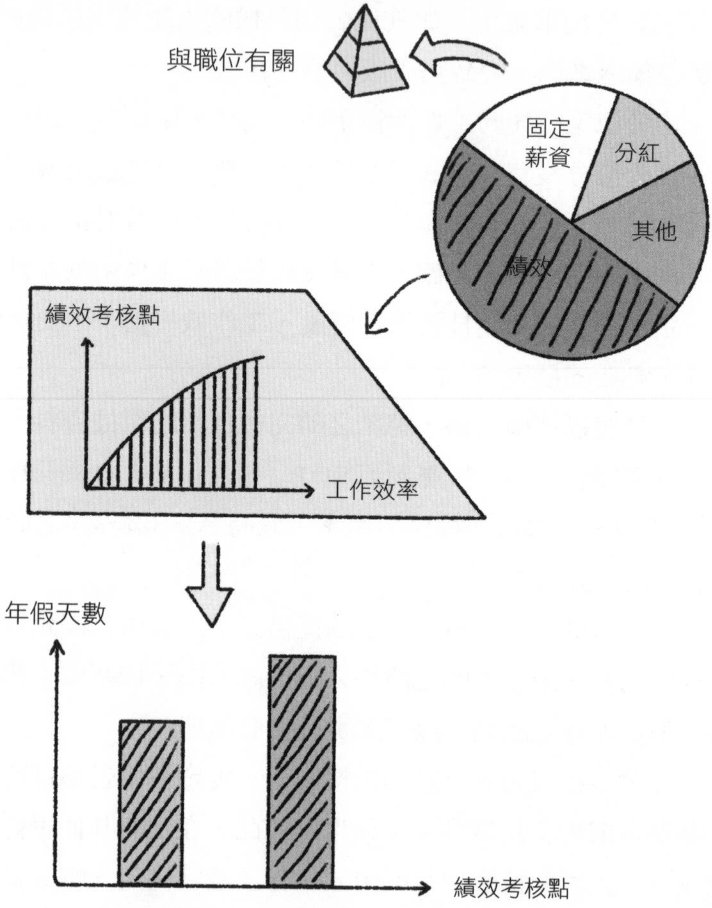

與職位有關

固定薪資

分紅

其他

績效

績效考核點

工作效率

年假天數

績效考核點

占日常薪資的小部分，薪資絕大部分是由績效決定。其次，績效的考核點只與SOP、工作效率有關。另外，老林將每個專案的一部分收益拿出來作為分紅，按照每個專案記錄的員工貢獻來獎勵。

新的方法實施一段時間後效果良好，於是老林又把休假、基礎固定薪資漲幅、職位升遷與績效連結。凡是專案完成效率達到某個程度，或績效連續達到某個程度的員工，年假增加若干天，且可以累積。固定薪資的漲幅、職位升遷也是依據以上資料進行調整。

企業品質提升、員工工作成效提升，不僅使E企業的收益提高，更為其未來經營奠定良好基礎。

E企業在同業中稱不上大規模，但是其發展潛力和好口碑人人皆知。中小型企業只是E企業的發展過程，其將來必定會創造屬於自己的一片天。

##  解析 E 企業成功發展的關鍵

**圖表6-12　E 企業做到 3 件事，邁向成功**

### 設立正確的績效標準

績效標準必須立足於企業希望員工做的事情上，而企業希望員工做的事情必然有利於企業發展。

## 了解員工的需求

推行某項措施不是單純建立一個制度，想讓員工實施，就要了解員工想要什麼，以員工需求換取企業需要員工完成的事，才能保證制度順利實施，不會走偏。

## 建立完善的系統

中小型企業由於前期規模、資源等原因，一般缺乏完善的系統，而發展到一定程度後，這種問題會越來越明顯。企業決策者發現存在系統性缺陷時，必須及時採取措施。企業建立的系統將對企業產生久遠的影響，因此要找到企業需要什麼，經過多方考量後再進行建設。

---

### 經營管理小課堂

企業管理的混亂一般來自於工作習慣。企業若不能讓員工採用統一的操作標準，必然無法使員工的效率發揮出來。因此，標準化管理是結束混亂的唯一途徑。

## 6-7

# 經營成功的關鍵，
# 在於懂得該做什麼與該怎麼做

> 哈佛大學經濟學教授格里高利・曼昆（N. Gregory Mankiw）在《經濟學原理》一書中提到：加油站漲價20%，銷量會大幅下降，顧客會轉而選擇其他加油站，而自來水廠漲價20%，帶來的損失卻微不足道，因為當地只有一家自來水廠。

　　由上述可知，市場結構決定了競爭不激烈的行業只是少數，通常市場競爭結果是檢驗經營管理的最好標準。

## 總結失敗案例

　　本章的3個失敗案例（案例1、案例2、案例3）有一個共同點，就是企業缺乏整體性，進而引發2個問題：不知道該做什麼和怎麼做。具體情況如下：

## 1. 內部成員缺乏整體性

　　合夥人與合夥人、管理者與管理者、管理者與員工之間，存在巨大的隔閡。這種隔閡會使企業四分五裂。正因為內部成員不知道該做什麼，才會產生隔閡。

## 2. 秩序缺乏整體性

　　企業沒有整體秩序可以遵循時，員工會不自覺地以自我利益為中心，導致企業利益被拋到一邊。秩序代表行為準則與規範，組織成員不知道怎麼做，是缺乏秩序的直接展現。

　　企業的經營策略能幫助員工建立共同目標。實施經營策略的路徑和方法，為企業樹立一套整體秩序規則，員工只要遵守秩序規則，便會清楚該怎麼做。

　　本章3個失敗案例的共同點，是經營管理混亂、缺乏經營策略、無法有效地實施策略，導致沒有成員真正站在企業利益的角度去思考與行動，於是企業失敗為必然結果。

## 總結成功案例

　　顯然3個成功案例（案例4、案例5、案例6）與失敗案例截然相反。每當出現轉捩點時，成功企業會緊緊抓住經營管理的關鍵問題：建立長期有效的經營策略，形成合理完善的實施步驟，確保企業順利度過難關。

　　由於經營管理沒有好壞之分，因此經營管理的結果需要市場競爭來檢驗。在不同時期、規模、市場環境下，經營管理方式各不相同，找到適合企業的經營管理模式，必然能在相同時期、類型、規模與市場環境中取得優勢。

　　成功企業正是因為找到自身定位，知道當下什麼對企業來說最關鍵、益處最大，就集中資源先做什麼。在同等條件的企業當中勝出，才有機會發展到更高層次。目光可以放得長遠一些，但要更加務實，做好橫向競爭再往上看。

**圖表6-13　學會找到企業的定位**

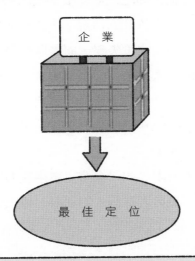

## 企業主應站在利益的角度思考

企業主的個人理想與企業利益有密切關係，但不可混為一談。企業主要時刻記得，從創業那天開始，你不僅要為自己負責，更要為企業負責。思考問題時，要站在企業利益的角度，而不是個人理想的角度。

有時候，這很難區分，企業主可能會做一些出發點是好的，結果卻很糟糕的事，其原因就是跟隨自己的個性，未曾考慮做這些事對企業是否合適。

隋煬帝是古代帝王中的負面角色，說他無能確實冤枉，其一生成就可圈可點，問題是他從根本上出錯。一些事情有利有弊，在對國家弊大於利的情況下，無論如何都不能做，倘若強行去做，就不是決策失誤，而是所站角度有問題。

中小型企業的重大事項，必定是由企業主率領參與才能進行。經營策略、實施細則不會憑空冒出，企業主應負起責任，主動組織完成。但在具體事務上，企業主要學會放權，懂得信任該信任的人。

一個人的精力有限，如果企業主事事親力親為，不僅會使自己身心疲憊，更會因為個人的局限，導致企業規模無法擴張。

┤ 經營管理小課堂 ├

　　站在符合企業利益的角度去經營管理，是經營者需要遵守的準則。成功的企業經營管理不複雜，一切行為只是為了提高競爭力，一切目標只是為了增加收益，一切投入只是為了完成更好的建設。

　　找到企業該做什麼、該怎麼做，成功的經營管理就距離不遠了。

第 **7** 章

# 運用日本的阿米巴經營，
# 快速因應市場變化

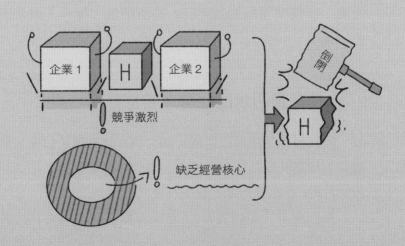

## 7-1

# 營運圍繞著獲利部門，用單位時間核算制為工具

> 阿米巴的原意為變形蟲，牠的身體柔軟，形體可變化，是現存於世界上的原始生物之一，其存續在地球的時間之所以遠超過絕大部分物種，就是因為超強的適應能力。它可以根據外界變化而變化，不斷調整自身以滿足生存需要。

有一種經營管理模式，能夠使企業如同變形蟲一般靈活多變，不斷調整以適應不同的經濟環境，稱作「阿米巴經營」。

## 什麼是阿米巴經營？它有什麼功用？

阿米巴經營是指以定價、獨立核算為基礎，以全員參與經營、提高利潤為核心，形成完整的內部供應鏈，用周而復始的PDCA循環進行的經營管理模式。

舉例來說，見圖表7-1，某家企業將與市場有直接連繫

圖表7-1　圖解阿米巴經營管理模式的構造

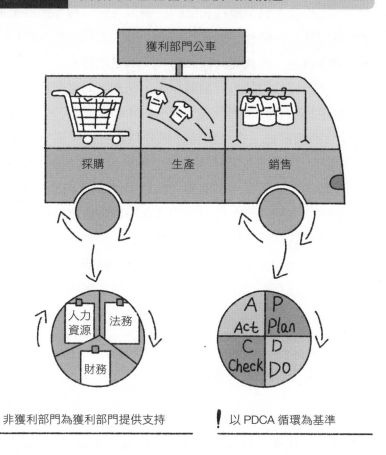

非獲利部門為獲利部門提供支持

以 PDCA 循環為基準

的生產、銷售、採購等部門獨立核算。這類部門一般來說能直接產生利潤，稱為獲利部門。其他部門像是人力資源管理、法務、財務、管理階層等部門，稱為非獲利部門，為獲

利部門提供幫助和支持。

　　一切經營活動圍繞獲利部門展開，各個獲利部門自主進行計畫、執行、檢查、行動的循環，部門之間的交易採用內部定價或傭金。這就屬於較典型的阿米巴企業。

　　阿米巴經營的創始者稻盛和夫，是知名的實業家、哲學家，也是2家世界500強企業京瓷、KDDI的創辦人。

　　第1章講解過，企業組織結構分為垂直型與扁平型，而採用阿米巴經營的企業結構，完全不同於上述2種。實施阿米巴經營的企業，是由多個獨立核算單位（阿米巴）組成，獲利部門產生利潤，非獲利部門負責提供服務與支持。

　　企業經營逐層分權至各個組織當中，最終權力、責任、利益細分到每個員工身上，是一種圍繞型結構，也就是非獲利部門圍繞獲利部門，基本上成員只有分工不同，沒有階層差異。

 ## 單位時間核算制

　　單位時間核算是阿米巴經營的基本工具。一般的核算表包含計畫、成果、達成率，單位時間核算表則有2種格式，包含生產部門核算表和銷售部門核算表（生產部門與銷售部門為獲利部門）。

　　單位時間核算表主要有5個要素：銷售額、費用、附加價值、進行時間、單位時間附加價值。它們的關係是：銷售

額－費用＝附加價值，附加價值／進行時間＝單位時間附加價值。其中，費用不區分固定成本與變動成本；人工費用不列入費用當中（避免為降低成本而削減人工費用）；公共費用常為阿米巴成員均攤，或是依照使用面積、次數、人數等分配。

表格的解讀有以下重點：計畫完成情況、收入、花費、工時、效率、資料來源等。由於這個表格的製作者大部分都是一線工作人員，不具備足夠的財務知識，因此表格越簡單明晰越好。

單位時間核算表是企業經營管理的重要參考資料，也是執行PDCA循環的基礎。

單位時間核算制將資料落實到每個員工身上，每日每月更新。這是阿米巴經營徹底細分的基礎，能避免隨著企業規模擴大，內部出現溝通不順暢、制訂計畫不合理等情況。

 **實施阿米巴經營的功用**

**圖表7-2** 阿米巴經營的 2 個優點

**1. 提高銷售額、降低成本、不斷創新：** 獨立核算突顯，各個部門小組織的利益與自身創造的利潤息息相關，提高利潤才能獲取更高利益，而提高利潤的方式只有3種：提高銷售額、

壓縮一切可壓縮的成本、透過創新增加產品附加價值。

**2. 促進全員參與經營**：將權、責、利細分到每位成員身上，透過數據化，明確每人、每月甚至每天為企業創造的價值，能有效激勵全員參與企業經營。

┤ 經營管理小課堂 ├

在阿米巴經營管理模式下，企業建立一套數據化分權管理系統，其本質是以利潤為中心的量化數據應用。阿米巴經營注重經營結果與不斷循環進步，藉由促使員工參與經營，以各個部門小組織的獲利，累積企業的總利益。

## 7-2

# 落實阿米巴經營要注意4件事：
# 數據化、權責劃分……

稻盛和夫是2家世界500強企業的創辦人，這證明他的阿米巴經營管理模式是有效的。近幾年來，講解和培訓阿米巴經營的機構越來越多，但能夠真正落實的企業卻很少，其原因為何？

 阿米巴經營難以落實的 4 個原因

### 1. 企業量化程度

阿米巴經營的運行非常依賴數據資料。在使用該模式之前，管理者需要回答這些問題：企業是否具備全數據可視化基礎、能否保證各個部門小組織成員記錄的資料真實、是否確定收集數據資料的方向正確等。

只有上述問題的答案都是肯定的，才能實施阿米巴經營，否則一旦數據資料出錯，就會造成巨大損失。

## 2. 定價

這裡指的定價有先後2個部分，先有外部定價（產品終端定價）才有內部定價，也就是內部定價要由外部定價決定。

阿米巴企業是由多個部門小組織組成，部門小組織如同獨立企業，互相提取半成品（程序之間）、提供服務（非獲利部門與獲利部門之間）、抽取銷售傭金（銷售與生產之間）等，都需要結算內部價格。

如果內部定價完全由部門小組織自行報價，顯然不合理。往小處看是企業失去降低費用的可能性，往大處看是企業整體賠錢，但部門小組織卻在賺錢。

決策者應該仔細研究經營策略、市場行銷策略（薄利多銷或厚利少銷等）、顧客定位、市場訊息，制訂產品最終銷售價格，然後根據單位時間附加價值，反推內部交易價格。反推定價得出的資料只是理論結果，因此決策者必須在充分考慮產品實際情況、各部門小組織的費用、人力使用狀況等之後，結合反推結果進行內部定價。

外部定價決定企業利潤，內部定價決定部門小組織利潤。外部定價出錯導致企業虧損，內部定價出錯則造成部門小組織之間的不公平與失調。

## 3. 企業內部風氣

一般來說，整體性和協調性較差的企業推廣阿米巴經

營，會出現公有地的悲劇、尋租、惡性競爭3種問題。最終，危害的結果必須由企業承擔。

**（1）公有地的悲劇**：指公有地有許多具備使用權的擁有者，但各個擁有者無權阻止對方使用，而每個擁有者都趨向過度使用，以致資源枯竭。獨立核算促使組織成員只看重所在部門小組織的最終利潤，為了得到更多利潤，只能不停削減費用、增加附加價值、提高周轉率。在企業公共資源的使用上，員工會偏向於過度使用，為各自部門小組織爭取更大利潤。過度使用往往可以增加單次利益和效率，但會給企業整體帶來額外損失。

**（2）尋租**：指掌握公權力的人為了謀取自身經濟利益，進行出讓權利的非生產性活動。企業不管如何劃分，總會存在管理階層與被需求部門（採購、物流、綜合管理等）。部門小組織為了取得更高利潤，要借助管理階層與被需求部門的幫助和支持，假如這兩者的權利監管出現問題，很可能發生為了謀求個人或部門利益，進行地下交易的情況。這不僅會妨礙公正性，更會給企業帶來損失。

**（3）惡性競爭**：部門小組織之間存在競爭關係，各部門小組織為了拚業績，其成員會阻撓其他競爭者工作。例如：不願意共用技術；拒絕協調或支援；只在意自己的部門小組織，對企業的其他事務漠不關心；故意製造溝通問題等。

| 圖表7-3 | 企業實施阿米巴經營可能會出現的問題 |

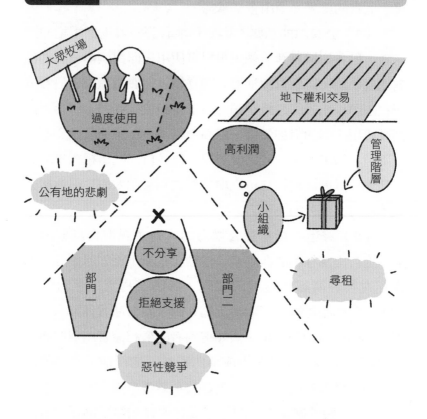

## 4. 職責權利劃分

阿米巴經營圍繞利潤，將企業細分為許多部分。假如每個部門小組織只有責任沒有權利，那麼它們履行責任時，不是心有餘而力不足，就是乾脆放任，這樣與阿米巴經營的理念背道而馳。不放權或職責分配有問題，都會導致實施阿米

巴經營最終失敗。

┤ 經營管理小課堂 ├

　　阿米巴經營在企業中難以推廣，主要原因來自企業本身。在企業中實施阿米巴經營就像組裝電腦，假如你連主機板、電源、顯卡、記憶體都沒有，就只能組出一個空主機殼。因此，企業要做好基礎建設，解決完自身經營管理問題後，才能實施阿米巴經營，否則只會讓企業更加混亂。

## 7-3

# 【案例】為了實現核心目標，從程序到分潤持續變革

> 稻盛和夫的名氣越來越大，有不少諮詢機構推銷他的阿米巴經營管理模式，但是成功落實的企業卻少之又少。經營企業不像學京劇，事事要學到一模一樣，如果一昧照搬，最終只會水土不服，以失敗收場。

 乘風破浪的 F 企業

我們不必拘泥於阿米巴經營這塊招牌，可以將它理解為一種企業經營進化方向，甚至能否有系統地學習也不重要，重要的是選擇適合自己企業的方式，落實全員參與經營、提高利潤、降低費用的核心。

接下來介紹的F企業沒有刻意學習或模仿誰，但是它在累積經營管理經驗的過程中，找到一條類似阿米巴經營的方向。說它是阿米巴經營管理模式下的企業肯定不恰當，其核

心趨勢雖然與阿米巴經營的核心異曲同工，卻勝過那些強行推行阿米巴經營的企業。

老秦與老王在加拿大讀博士時，建立起深厚友誼，學業結束後，在導師的幫助下創立F企業。從事測繪業務的F企業在加拿大站穩腳跟後，兩位夥伴將目光投向中國，目標是在中國建立總公司，向亞洲和非洲進行業務輸出。畢竟，歐美的測繪技術發達，市場競爭激烈。此外，測繪成本主要來自人工，而歐美國家的人工費用平均水準明顯比中國高出許多。

1999年兩人在中國創業，第一站是北京。選擇在北京建立落腳點的客觀原因在於，當時中國設置測繪科系的大專院校很少，相關人才儲備不足。北京是中國大城市，每年吸引大批高學歷人才來就業，雖然他們的專業不一定相符，但有文化基礎，學習會較快。

 出現新問題，該如何解決？

在保持人工費用的前提下，有2條途徑能夠提高利潤：一是提高周轉率，二是削減費用。

F企業先從消減費用入手，制訂一系列現場管理規範，細緻到作業大廳照明及溫控費用。實行的第一個月效果良好，第二個月開始下滑，第三個月基本恢復原狀。

F企業只好加強監管，要求中基層管理者隨時督促員工

按照現場規範執行，但結果不甚理想。主管內部事物的老王決定改變績效規則，將現場規範納入績效考核。這次維持半年，但結果還是不了了之。

對員工來說，企業是企業，個人是個人，為企業節省換來收益略微提高固然是好事，但假如績效指標太細緻，員工很難遵守。很多東西員工無法隨時記得，管理者也很難隨時監控。

何況有些操作若嚴格按照規範去做，不僅會影響作業習慣，還會影響個人效率。員工即使可以遵守，也僅會按照要求去做，規範以外多一分一毫也不願主動理會，因此遲早會出現管理瓶頸。

老秦的某次言論點醒老王：企業不是員工的家，他們怎麼可能為企業著想？老王決定替F企業進行一次大改革。

1. 根據作業流程區分員工，為個人貼上相應的業務技術標籤。作業人員不再隸屬某部門，而是以專案為單位進行收編。

2. 專案經理負責專案的洽談、應對及管理，專案到達企業後，由專案經理制訂計畫書，標明費用預算、場地、設備，而所需人員則由專案經理按照業務技術標籤來挑選。至於專案利潤分配，由企業收益與專案組收益2個部分組成。

3. 專案計畫細分至每週，對於專案計畫的完成進度、問題匯總及費用產生，每週匯報一次，然後確認本週計畫的達成率，再制訂下週的計畫。

圖表7-4　F 企業的巨大變動

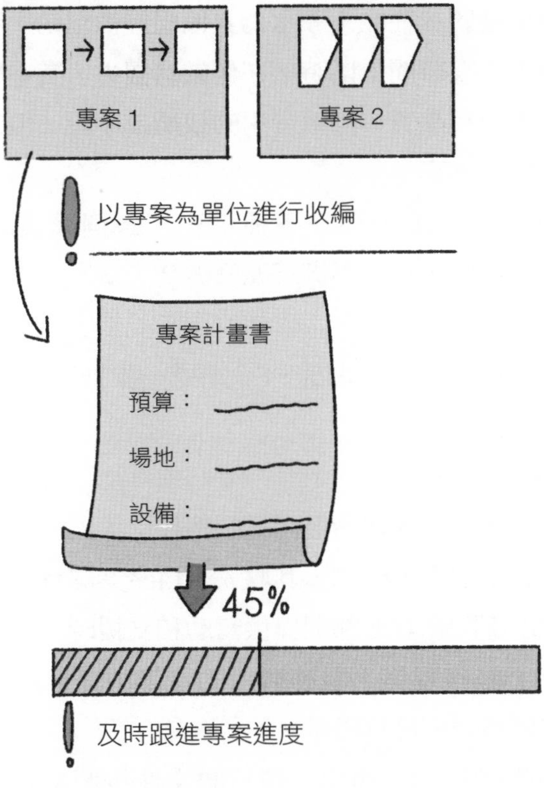

專案1

專案2

以專案為單位進行收編

專案計畫書

預算：

場地：

設備：

45%

及時跟進專案進度

新管理辦法的實施為F企業帶來新面貌，各專案組為了提高收益，拚命想辦法削減不必要的費用，盡力總結得失，提高作業效率。

又過了一年，F企業的整體效益提高3倍，但有幾個問題

隨之而來。

1. 如何控制非作業人員的收益與費用？專案組之間為了在競爭中獲勝，往往不願意為其他組提供幫助，害怕浪費所屬組織的作業時間。同時，在作業過程中，有些組總結出不少提高效率和品質、削減費用的技術或手段，但為了保持優勢而不願意分享。

2. 同一個專案組存在各種程序，各個成員的貢獻不同，分配利潤時，有人不滿意怎麼辦？

為了盡快解決這些問題，F企業進一步推出以下辦法。

## 1. 新增服務費用

就輔助部門、管理階層而言，例如：人力資源、財務、維修、法務、翻譯等部門，其收入來自企業經費撥款和服務費用。輔助部門為其他部門提供幫助和支援時，其他部門根據定價給予服務費用。服務費用的定價由企業參考市場行情，編定價格表，每月更新。

以翻譯部為例，翻譯一篇日語文件按照X元／百字收費。X基本上等於市場平均價格，若X明顯高於市場均價，求助部門為了節省費用，通常會在企業外部找人翻譯，所以服務費用需要每月根據情況更新。如此一來，一方面求助部門提高收益，另一方面輔助部門內部會因為利益分配，而主動削減不必要的費用，裁減多餘的人力。

## 2. 將技術和手段分級

將有利於提高企業利潤的技術和手段分級，一共50級，第一級為最高。個人或小組研究總結出的技術和手段，在企業內推廣成功後，由企業為該技術和手段評級，不同等級對應不同費用。

其他人員或小組使用該技術和手段時，需要根據等級支付使用費給技術擁有者。若是一次性改善技術和手段，由企業一次性支付費用。這樣既可以促進員工貢獻個人技術專利，又可以使更多員工為了削減費用與獲得使用費，而不斷研究開發新的技術和手段。

## 3. 利潤再分配

在專案內部進行程序再劃分，程序之間交接成果時，以品質、效率、費用、工時來計算產生的利潤。專案結束後，按照程序成果統計，再進行利潤分配，各程序利潤總和等於專案總利潤。

如今F企業躋身該行業國際一流水準，無論是技術、規模、業務量還是員工整體素質，早已發生天翻地覆的變化。

這幾年中，F企業又推出一系列措施，成功將利潤分配至每位員工身上。將員工的日常工作視覺化，每位員工可以了解，自己完成的工作每天、每小時給企業帶來什麼。

逐漸地，員工開始尋找自己的經營方法。F企業非常關

注脫穎而出的員工，他們經過培養，成為企業的經營管理者，為企業做出更大的貢獻。

---

┤ **經營管理小課堂** ├

　　F企業摸索前行的整個過程，是一條經營管理進化之路。全員參與經營、提高利潤、降低費用未必一定要模仿誰，阿米巴經營只是這條道路中名氣最大的而已。

　　現在不少成熟企業開始走上這條進化之路，找到企業定位，一步步探索，在合適的時間做合適的事情。

---

# 7-4

# 【案例】為何創業時的優勢，無法一套功夫戰到底？

創業者具備一項或多項資源優勢，才能創立企業，而創立之初的經營管理，往往會圍繞這些資源優勢進行。企業經營一段時間後，都會面臨管理變革的問題，而變革決定了企業未來走向。

 H 企業的創立優勢

某國營造船廠高階主管老宗決定經商，創立主營船舶製造的H企業。H企業初期具備以下2個優勢。

**1. 老宗的工作經歷：**這些經驗為他累積豐厚的社會關係和客戶資源，為H企業早期的銷售途徑奠定基礎。

**2. 員工大部分是老宗原單位部屬：**這些員工熟悉業務，能立即展開工作。H企業擁有銷售通路與生產技術2項優勢，多數企業都是以此為基礎而建立起來。

| 圖表7-5 | H 企業的 4 個特點 |
|---|---|

**市場競爭低** ··································································

> 市場競爭程度低，客戶資源豐富，訂單應接不暇。

**有價格競爭力** ······························································

> 相對於先進國家的企業，H企業的勞動力和原材料成本都比較低廉，在國際市場有很強的價格競爭力，國外訂單比例高於國內。

**產品的技術門檻低** ·······················································

> 受到核心員工的技術限制，H企業製造的產品僅為漁船、散貨船等技術門檻較低的民船種類。

**將生產與銷售分離** ·······················································

> 經營管理上，老宗採用國營事業的方式，將生產與銷售分離，他親自管理各項事務。

　　初期的繁忙與獲利會掩蓋企業的一些問題，例如：產品技術、品質、經營方式等。這些問題在早期不容易引發矛盾，因此難以察覺。

**H 企業中期面臨的危機**

1. 隨著市場日漸開放，沿海地區湧現大量造船企業，大部分與H企業類似。

2. 市場競爭逐漸激烈，H企業不得不以前期累積的客戶為中心，降低價格來保持訂單數量。

3. 新員工與資深員工存在矛盾，企業在員工管理方面採用論資排輩的規則，導致新聘技術人才流失。

4. 缺乏經營核心，而且沒有經營計畫，於是開始出現浪費成本、流失客戶的情況。

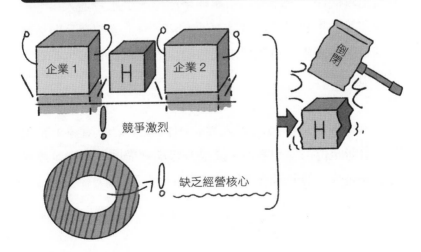

**圖表7-6　H 企業的中期危機**

危機是企業需要變革的警鐘，將已存在的問題加以總結，查找其出現的原因，從源頭下手進行改變。

 ## 2005 年後的 H 企業

1. 國內環境變化，勞動力和原材料基本上失去優勢，H企業為了承接訂單，進一步壓縮利潤，導致全年利潤越來越薄。

2. 全世界的造船業產能過剩，資產泡沫嚴重，低技術、低門檻的普通民用船市場的供需關係被打破。

3. 管理制度和薪資福利缺乏吸引力，H企業的人員規模受限。

4. 由於技術水準、品質管理方面的原因，H企業的產品品質出現問題。近年來，市場競爭激烈，供應量增大，客戶對於產品技術和品質的要求越來越高，H企業的產品顯然難以滿足顧客需求，每年對未出售船隻的維修和養護也花費大筆費用。

市場與產品環境的重大變化，代表企業必須尋求新出路，重新定位市場和客戶，產品升級與經營方式轉變可以幫助企業變革，進而帶來新的機遇。

┤ 經營管理小課堂 ├

　　傳統經營管理模式下的企業，大多沒有明確的經營重點，企業營運只遵循銷售加生產的簡單模型。

　　雖然在平穩的市場中可以逐漸累積原始資本、慢慢發展，但是出現市場變化或是面對快節奏市場時，就會暴露其計畫不足、無法提前為變化做好準備、變革遲緩或沒有實際變革等弱點，最終被新市場淘汰。

## 7-5
# 經營管理也要定期體檢，
# 企業和部門都得執行 PDCA

> 很多人沒有定期體檢的習慣，總是在被疾病折磨到一定程度後，才會去醫院，導致疾病被發現時已是末期，根本沒辦法治療。企業經營計畫的制訂、實施、檢查恰如體檢，變革則是為企業治療疾病。

 解析 F 企業與 H 企業

以下針對第3節的F企業與第4節H企業，進行比較與分析。

### 1. 共同點

如果沒有定期體檢，當發現問題時，問題早已超出可控制範圍。

## 2. 差異點

F企業在病痛出現時，選擇透過變革來治癒。相較之下，H企業無視病痛，直接放棄治療機會，最終病死。H企業代表傳統經營模式在現代經濟環境下的生死過程，即僵化思維、缺乏創新、排斥變革。

F企業的變革之路走得很保守：出現問題→解決問題→再出現問題→再解決問題。不少企業也是如此，這是一種被問題牽著鼻子走的選擇。亡羊補牢只能降低損失，不能避免損失，某次不及時的失誤還是可能釀成後患。

那麼，變革應該怎樣進行呢？

 ## 企業變革的 4 步驟

### 1. 牢固基礎

一座大廈能建多高，取決於地基有多深。企業首先要有牢固的基礎，才能穩健發展。企業最基礎的東西是什麼？第131頁麥肯錫的7S模型已提供解答。

### 2. 確定經營策略

基礎建設完成後，我們會發現，企業經營管理總是圍繞著經營策略進行。經營策略是企業的整體計畫、一切企業活動的總指導，所以第2步是要加強企業制訂的經營策略。經營策略要具有前瞻性、全面性及長期性。如果經營策略存在

錯誤，它為企業指導的方向也會存在錯誤。

## 3. 出現問題，解決問題

　　企業經營策略為了不斷追求更高的效率、獲利及達成度，必然會自動修正一些阻礙實現目標的拖油瓶。這時候變革開始發揮作用，企業需要解決所有影響經營策略實現的問題，不是建立相應措施，就是提前規避。總之，準備工作應安排在問題發生之前。

## 4. PDCA 循環式變革

　　PDCA循環的運用給我們一個啟示：任何變革都需要循

圖表7-7　PDCA 循環式變革

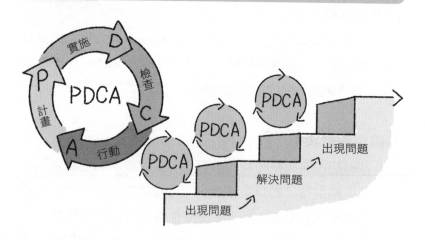

環進行，並不是一次性。某一週期的變革必然有利於進行下一週期的計畫。如果變革不能為企業帶來實際好處，就沒有意義。所以，企業需要以經營策略實施的結果，檢驗變革是否有效。

 **阿米巴經營帶給企業變革的思路**

在企業經營管理進化的道路上，阿米巴經營代表一種方向，而在這個方向上有很多其他模式，只不過阿米巴更加聲名顯赫。我們沒有必要生搬硬套這些模式，有時候它們帶給我們的思路反而更加重要。

一昧模仿別人變革，只會讓企業深深陷入泥沼，我們應該先體會其中奧妙，然後檢視自身，最後找到適合自己的變革方法。

| 圖表7-8 | 阿米巴經營帶來的啟發 |
| --- | --- |

**追求銷售額最大化與經費最小化**

企業經營的目的是不斷獲利，盡可能擴大銷售額、節約開支，為企業獲取更高利潤。

## 實現全員參與經營

　　全員參與經營使全體成員為實現企業經營策略，而共同努力，一個能明確展現員工個人價值的企業，才能激勵員工真心誠意幫助企業發展。

## 培養具有經營意識的人才

　　全員參與經營後，企業內部會出現一些具備獨特經營天賦的員工，他們經過培養、磨練，將是企業進一步發展的重要助力。

---

### ┤ 經營管理小課堂 ├

　　這是一個市場大變革時代，日新月異已不足以形容市場的變化。經營管理的進化需要摒棄傳統思想，並選對方向。

　　企業懂得往哪跑、如何跑，才是贏得比賽的關鍵。面對變革，企業經營者應採取積極的姿態，不要被問題牽制，而是主動發現問題、解決問題。

　　小小的變化累積起來就是變革。企業經營者要時刻記得先打好基礎，否則全是空談。

## 後記

# 經營有如航海，
# 船夠牢固且找對方向才走得遠

　　經營管理不是思維的跳躍或是靈感的閃現，經營管理自有規律，基礎牢固才可以追求發展。

　　經營企業宛如駕船遠航，經營者需要清楚船有多大、能裝載多少貨物、需要做好哪些準備、要開往何處、船體問題怎麼檢修。找到企業的正確方向，造好一艘船，企業才能揚帆起航。

　　企業經營管理必須抓住重點。企業經營的目的是獲利，而有助於最大限度提高企業獲利、資產升值的事務，才是經營者應該關注的。

　　在經營管理實際操作中，經營者要先明確計畫是否對企業有益，機會成本是否小於計畫實施結果，保證企業利益最大化。

　　經營管理只需要考慮這麼做對不對，對企業是不是最好，盡量不要想太多無關因素。如果考量偏離企業本身太遠，最終結果極有可能損失企業利益。

　　腳踏實地是通往成功的唯一道路，兢兢業業是成功最忠

實的夥伴，企業主必須靜下心，學會觀察、理清思路，一步步建立體系。

　　俗話說：「不積跬步，無以至千里；不積小流，無以成江海。」凝聚點滴，再回首時，企業這艘船早已是航行萬里的巨大輪船。

/    /    /

國家圖書館出版品預行編目 (CIP) 資料

手把手教你如何創業獲利：麥肯錫 7S 模型讓你賺錢的經營法則！／馬俊杰、速溶綜合研究所著
-- 初版 . – 新北市：大樂文化有限公司，2022.03
240 面；14.8×21 公分 . --（Biz；85）

ISBN：978-986-5564-82-7（平裝）
1. 企業經營　2. 企業管理　3. 中小企業
494　　　　　　　　　　　　　　　　　　111001135

Biz 085

# 手把手教你如何創業獲利
### 麥肯錫 7S 模型讓你賺錢的經營法則！

作　　者／馬俊杰、速溶綜合研究所
封面設計／蕭壽佳
內頁排版／思　思
責任編輯／張巧臻
主　　編／皮海屏
發行專員／鄭羽希
財務經理／陳碧蘭
發行經理／高世權、呂和儒
總編輯、總經理／蔡連壽
出 版 者／大樂文化有限公司（優渥誌）
　　　　　　地址：220 新北市板橋區文化路一段 268 號 18 樓之 1
　　　　　　電話：（02）2258-3656
　　　　　　傳真：（02）2258-3660
　　　　　　詢問購書相關資訊請洽：2258-3656
　　　　　　郵政劃撥帳號／50211045　戶名／大樂文化有限公司

香港發行／豐達出版發行有限公司
地址：香港柴灣永泰道 70 號柴灣工業城 2 期 1805 室
電話：852-2172 6513　傳真：852-2172 4355

法律顧問／第一國際法律事務所余淑杏律師
印　　刷／韋懋實業有限公司

出版日期／2022 年 3 月 14 日
定　　價／320 元（缺頁或損毀的書，請寄回更換）
I S B N　978-986-5564-82-7

版權所有，侵害必究 All rights reserved.
本著作物，由人民郵電出版社授權出版、發行中文繁體字版。
原著簡體字版書名為《不懂經營，你怎麼做企業（手繪圖解版）》。
繁體中文權利由大樂文化有限公司取得，翻印必究。